中国水利教育协会　组织

全国水利行业“十三五”规划教材（职工培训）

水行政执法与水事纠纷调解

主编　杨绍平

主审　林冬妹

中国水利水电出版社
www.waterpub.com.cn
·北京·

内 容 提 要

依法治水是依法治国的重要组成部分，水是不可或缺的资源，且十分有限。本书从行政法律制度出发，阐述水行政法律制度、水事法律制度、水行政执法体系、水事违法案件处理的程序等水行政执法知识，就水事纠纷的预防和处理措施及法律责任作了简要介绍，结合内容引用了部分案例进行分析，力图能够浅显易懂。

本书可供基层水利技术人员和管理人员业务培训使用，也可作为水利类院校学生的学习用书。

图书在版编目（CIP）数据

水行政执法与水事纠纷调解 / 杨绍平主编. -- 北京：中国水利水电出版社，2018.1
全国水利行业“十三五”规划教材. 职工培训
ISBN 978-7-5170-6248-6

Ⅰ. ①水… Ⅱ. ①杨… Ⅲ. ①水法－行政执法－中国－职业培训－教材 Ⅳ. ①D922.66

中国版本图书馆CIP数据核字(2018)第008924号

书 名	全国水利行业“十三五”规划教材（职工培训） **水行政执法与水事纠纷调解** SHUIXINGZHENG ZHIFA YU SHUISHI JIUFEN TIAOJIE
作 者	主编 杨绍平 主审 林冬妹
出版发行	中国水利水电出版社 （北京市海淀区玉渊潭南路 1 号 D 座 100038） 网址：www.waterpub.com.cn E-mail：sales@waterpub.com.cn 电话：(010) 68367658（营销中心）
经 售	北京科水图书销售中心（零售） 电话：(010) 88383994、63202643、68545874 全国各地新华书店和相关出版物销售网点
排 版	中国水利水电出版社微机排版中心
印 刷	天津嘉恒印务有限公司
规 格	184mm×260mm 16 开本 10 印张 237 千字
版 次	2018 年 1 月第 1 版 2018 年 1 月第 1 次印刷
印 数	0001—2000 册
定 价	**28.00** 元

前言

水是基础性的自然资源和战略性的经济资源，是生态环境的重要控制性要素。随着城镇化水平的逐步提高，人口向城市集中，产业向园区发展，对水资源的需求正在发生巨大变化。加之水资源量分布不均匀，水质污染加剧，日益严峻的水资源形势和水生态环境，水行政执法压力空前；践行可持续发展治水思路，实现人水和谐，为经济社会发展提供有力的法制保障，对水行政执法提出了更高的要求和期望。长期以来，“重建设、轻管理、忽略执法”的观念仍然没有从根本上得到改变，随着国家推行依法治国理念，水行政执法地位日益提高，其作用将逐步显现。

水行政执法是指各级水行政主管部门依照水法规的规定，在水事管理活动中对水行政管理相对人采取的直接影响其权利义务，或者对其权利义务的行使或履行情况进行直接监督检查的具体行政行为。在传统水利向现代水利、工程水利向资源水利、经验水利向法治水利的转变过程中，通过基层水管单位有效的水行政执法工作，水利事业逐渐步入健康发展的良性轨道。水法主要是调整水行政主体在行使水资源管理职权过程中所产生的法律关系的法律规范和原则的总和，是国家法律体系的重要组成部分。2002 年 10 月 1 日修改后实施的《中华人民共和国水法》是我国水事法律规范体系中的基本法，对促进我国水资源的开发、利用和保护，对促进“依法治水”具有重要作用。

水事纠纷是指水资源（地表水和地下水）的开发、利用、管理、保护、防治水害及其他水事活动过程中不同地区之间、单位之间、个人之间、单位与个人之间由于权利、义务配置不均衡而引起的争端。水事纠纷调解是解决水事纠纷最常用的一种方法，是指发生水事纠纷的当事人在平等、自愿的基础上，由水行政机关居中主持，通过友好协商、互让互谅的方式达成协议，从而解决水事纠纷的行政行为。

本书从法律基础知识介绍出发，阐述水行政执法体系及程序、水事纠纷的调解等方面的知识。作为一名基层水利职工，有必要知道水行政执法的依据，发生水事纠纷如何处理，为依法治水承担一份职责。

本书由四川水利职业技术学院杨绍平编写绪论、第三章第一、二、三、

四、六节；刘冬编写第一章、第四章、第五章；黄平编写第二章；王巧红、张鑫、卢伟分别在第三章第四节、第一章、第三章第二节编写中提供了大量素材；河南水利与环境职业学院张翼编写第三章第五节，长江工程职业技术学院陈吉琴编写第六章；全书由杨绍平担任主编，刘冬协助统稿。本书在编写过程中参考了浙江水利厅水行政执法人员培训教材及杨谦主编的《水法规与行政执法》教材，同时参考引用了远方出版社出版的《水事纠纷案例评析全集》中的部分案例，在此一并表示感谢！

由于编者水平有限，加之时间仓促，书中难免有错误和不妥之处，衷心希望读者给予批评指正。

杨绍平

2017年4月于四川水利职业技术学院

目　录

绪　论

第一节　我国的治水思路

一、我国的水问题

水是社会经济发展的重要物质基础，也是影响生态的控制要素。我国幅员辽阔，水域宽广，同时，我国是全球人均水资源贫乏的国家之一。水资源能否支撑国民经济持续稳定发展，能否满足工业化、城镇化和农业现代化快速发展的要求？水问题不仅仅是技术问题、工程问题，也关系到区域经济的发展和综合国力的提升。

习近平总书记指出，水安全是涉及国家长治久安的大事，全党要大力增强水忧患意识、水危机意识，从全面建成小康社会、实现中华民族永续发展的战略高度，重视解决好水安全问题。随着我国经济社会不断发展，水安全中的老问题仍有待解决，新问题越来越突出、越来越紧迫。当前，我国水安全呈现出新老问题相互交织的严峻形势，特别是水资源短缺、水生态损害、水环境污染等新问题愈加突出。水已经成为我国严重短缺的产品、制约环境质量的主要因素，经济社会持续发展将面临严重的水安全问题。

水资源作为一种宝贵的战略资源，已上升为攸关国家经济社会可持续发展和长治久安的重大战略问题。水资源问题面临的挑战是严峻的，主要表现在以下方面。

1. 水资源严重短缺

我国人均水资源占有量 2100m³，仅为世界平均水平的 28%，正常年份缺水 500 多亿 m³。水资源时空分布不均匀，南多北少，沿海多、内地少，山地多、平原少，耕地面积占全国 64.6%的长江以北地区仅拥有全国水资源总量的 20%，近 31%的国土是干旱区（年降雨量在 250mm 以下），生产力布局和水土资源不相匹配，供需矛盾尖锐，水资源缺口很大。

2. 水资源污染严重

由于改革开放初期过分注重发展速度、忽视环境影响的粗放型发展模式，使水资源遭受严重污染，流经城市河段普遍受到污染，三江（辽河、海河、淮河）和三湖（太湖、滇池和巢湖）均受到严重污染；在七大水系 100 个国控省界断面中，Ⅰ～Ⅲ类、Ⅳ～Ⅴ类和劣Ⅴ类水质断面比例分别为 36%、40%和 24%。此外，城市地下水约有 64%遭受严重污染，33%的城市地下水为轻度污染。

3. 水资源的重复循环利用率偏低

工业生产用水效率低，导致成本偏高，产值效益不佳，单方水的 GDP 产出为世界平均水平的 1/3。全国大多数城市工业用水浪费严重，平均重复利用率只有 30%～40%，全国城市生活污水集中处理率不到 70%，与先进国家相比差距很大。

4. 节水意识淡薄

长期以来，水资源短缺现状的宣传教育力度不够，科学有效使用水资源的引导和督察不到位，民众节水意识淡薄，各行各业用水浪费现象普遍存在。

二、我国的治水思路

水是生命之源、生产之要、生态之基，水利是经济社会发展的基本条件、基础支撑、重要保障，兴水利、除水害事关人类生存、经济发展、社会进步，历来是治国安邦的要事。加快发展水利，增强水利支撑保障能力，实现水资源可持续利用，是促进经济长期平稳发展和社会和谐稳定的坚实保障。

历史上，各个统治者都把兴水利、防水害作为立法的一项重要内容。早在战国时期的秦国，就有水利设施建设的相关法令。1979 年，考古工作者在四川省青川县郝家坪发现的《为田律》（秦武王更修田律）木牍记载了涉及秦代土地资源管理的最原始的法律文本。其中提到：“九月，大除道及阪险。十月，为桥，修坡（陂）堤，利津梁，鲜草篱（离）。非除道之时，之时时而有陷败不可行，辄为之。”意为九月修整道路，十月修建坡堰堤坝，修缮沟渠与桥梁，以利疏通河道。在湖北省江陵张家山出土的汉代初年的法律简牍“二年律令”也有类似记载。说明在农地管理水利兴建方面，汉代基本继承了秦代的相关规定。敦煌悬泉出土的平帝元始五年《诏书四时月令五十条》曰：“季春月令：修利防，道达沟渎。开通道路，毋有障塞。”也说明兴修水利已被汉代立法纳入农业管理的日常工作之中。

1988 年 1 月 21 日，第六届全国人大常委会第二十四次会议审议通过《中华人民共和国水法》（简称《水法》），这是新中国第一部全面规范水事活动的法律，它的颁布实施标志着我国水利事业进入了依法治水的新时期。在 30 年具体的水行政监督管理工作中，《水法》为及时反映和记录我国法制建设的成就和工作历程，为水利立法、执法、普法、法律监督和政策研究工作提供较为全面、系统、可靠的资料和借鉴。2002 年 8 月 29 日第九届全国人民代表大会常务委员会对《水法》进行了修订。

党的十八大报告提出“全面推进依法治国”“加快建设社会主义法治国家”，将依法治国方略提升到了一个新高度。同时指出，建设生态文明是关系人民福祉、关乎民族未来的长远大计。面对资源约束趋紧、环境污染严重、生态系统退化的严峻形势，必须树立尊重自然、顺应自然、保护自然的生态文明理念，把生态文明建设放在突出地位，融入经济建设、政治建设、文化建设、社会建设，形成“五位一体”的和谐局面，努力建设美丽中国，实现中华民族永续发展。

党的十八大和十八届三中全会上，习近平总书记提出了一系列生态文明建设和生态文明制度建设的新理念、新思路、新举措。习近平总书记指出，保障水安全，必须坚持“节水优先、空间均衡、系统治理、两手发力”的治水思路。牢牢把握节水优先的根本方针，用系统思维统筹水的全过程治理，分清主次、因果关系，当前的关键环节是节水，从观念、意识、措施等各方面都要把节水放在优先位置。面对水安全的严峻形势，必须树立人口经济与资源环境相均衡的原则，加强需求管理，把水资源、水生态、水环境承载能力作为刚性约束，贯彻落实到改革发展稳定各项工作中；深刻认识到水资源、水生态、水环境承载能力是有限的，必须牢固树立生态文明理念，始终坚守空间均衡的重大原则，努力实现人与自然、人与水的和谐相处。牢牢把握系统治理的思想方法，山、水、林、田、湖是一个生命共同体，治水要统筹自然生态的各个要素，要用系统论的方法看问题，统筹治水

和治山、治水和治林、治水和治田等关系；运用系统思维，统筹谋划治水兴水节水管水各项工作。牢牢把握两手发力的基本要求，保障水安全，无论是系统修复生态、扩大生态空间，还是节约用水、治理水污染等，都要充分发挥市场和政府的作用，要充分利用水权、水价、水市场，优化配置水资源，让政府和市场“两只手”相辅相成、相得益彰。习近平总书记的治水思路，赋予了新时期治水的新内涵、新要求、新任务，为我们强化水治理、保障水安全指明了方向，是新时期开展水利工作的科学指南。以此为指引，推进治水兴水事业，统筹做好水灾害防治、水资源节约、水生态保护修复、水环境治理。

在依法治国的背景下，实现上述目标离不开《水法》及相关法律的实施。《水法》是调整人们在开发、利用、节约、保护、管理水资源，防治水害的过程中所发生的各种社会关系的法律规范。用水矛盾的解决、水利工程的建设、土地和水的占有权变更、社会经济与科技的发展和水资源短缺的矛盾等一系列社会经济问题都有待于水利法律法规的规制与整合。同时，为适应依法行政的需要，依法进行水行政管理、完善相关的行政法律责任，是当前水务管理的重要内容。所以，掌握相关水法知识，了解水事活动所必须遵守的法律规则，已经成为当代水利专业技术人员重要的知识组成。

第二节 水法规体系建设

一、水法规体系

水法规体系是指由调整水事活动中社会经济关系的各项法律、法规和规章构成的有机整体。它包括广义水法的全部内容、规章和其他涉水规范性文件。目前我国有较为完整的水法规体系，包括水利法律、法规、规章和其他规范性文件。如《中华人民共和国防洪法》（简称《防洪法》)、《中华人民共和国水土保持法》（简称《水土保持法》)、《中华人民共和国河道管理条例》（简称《河道管理条例》）和《水库大坝安全管理条例》等。除《水法》这一基本法外，水法规体系还包括了防汛抗洪法、水域和水工程保护办法和条例、水资源管理办法和条例、水土保持法和水利经济等方面的法律法规、规章和规范性文件。

水法规体系是水利法制体系建设（水行政立法、水行政执法与水行政司法和水行政保障）的主要内容，是国家法律体系的重要组成部分，也是依法治国的依据。

二、水利法制建设历程

我国水法产生的历史虽然很长，但真正实施依法治水、管水、保护水，则是近几十年的事。经过近 40 年的发展，特别是《水法规体系总体规划（2013)》颁布实施以来，水利立法紧紧围绕水利中心工作，以水利改革发展立法需求最为迫切的领域为重点，统筹推进水法规体系建设，修订出台了《中华人民共和国水土保持法》《中华人民共和国水污染防治法》（简称《水污染防治法》)，颁布实施了《中华人民共和国水文条例》《中华人民共和国抗旱条例》和《太湖流域管理条例》等行政法规以及《取水许可管理办法》等部门规章；到目前已颁布实施以水管理为主要内容的法律 4 件，行政法规 20 余件，部门规章 50 余件，地方性法规和地方政府规章 700 余件，内容涵盖了水利工作的各个方面，我国的水行政执法体系已初步建立，各项涉水管理有法可依。

作为国家法制建设重要组成部分的水利法制建设大致经历了起步、快速发展和逐步完善三个阶段。

1. 起步阶段（1978—1987 年）

为加强水行政管理，水利部开始组织起草水法，并开展了水土保持、水源保护等方面的立法工作。至 20 世纪 80 年代中期，《水土保持工作条例》《水利工程水费核订、计收和管理办法》等法规相继颁布实施，同时陆续出台了《河道堤防工程管理通则》《水闸工程管理通则》等规章，在相关领域内初步实现了有法可依。

2. 快速发展阶段（1988—2001 年）

1988 年是水利法制建设具有里程碑意义的一年，以《水法》颁布为标志，水利法制建设进入了快速发展阶段。按照全面推进依法行政、建设法治国家的目标，全面加强水利立法。《水土保持法》《防洪法》《河道管理条例》《大中型水利水电工程建设征地补偿和移民安置条例》《水库大坝安全管理条例》《取水许可制度实施办法》等一批法律、法规和规章陆续颁布施行。地方性水法规建设也取得全面进展，各地颁布的地方性水法规、政府规章和省级规范性文件达 700 余件，水法规体系初步形成。

3. 逐步完善阶段（2002 年至今）

2002 年 8 月 29 日，水法经第九届全国人大常委会第二十九次会议修订通过，自 2002 年 10 月 1 日起正式施行。新《水法》的颁布实施，有力推动了《水法》配套制度建设，水法规建设快速推进，《中华人民共和国防汛条例》（简称《防汛条例》）（修订）、《取水许可和水资源费征收管理条例》、《大中型水利水电工程建设征地补偿和移民安置条例》（修订）、《黄河水量调度条例》、《中华人民共和国水文条例》等行政法规和《入河排污口监督管理办法》等 20 余件部门规章先后颁布施行。各地结合实际也制定了一批有地方特色的地方性法规和政府规章，水利法制建设逐步完善。

三、水法规体系建设展望

为推进依法治国，党的十八大对加快建设社会主义法治国家，更加注重发挥法治在国家治理和社会管理中的重要作用，完善中国特色社会主义法律体系，推进依法行政，严格规范公正文明执法提出了明确要求。

近年来，随着水资源供需条件发生变化、涉水利益格局发生调整、水利发展方式发生转变，水利社会管理的难度和挑战不断加大，在不同地区、不同群体水事活动中的利益冲突逐渐升温，水事纠纷和矛盾呈现高发态势。水利社会管理是一项系统工程，涉及水利工作的各个方面，涵盖管理领域的众多环节，直接面对行政管理相对人，与水事活动主体和人民群众切身利益密切相关，必须强调依法管理和法治保障，自觉把水利工作和涉水活动纳入法制化轨道，不断完善水资源管理、河道管理、水土保持等水利社会管理方面的法规制度，切实保障人民群众的合法水事权益，努力维护和谐安定有序的社会环境。

为适应水利事业的发展，当前和今后一个时期，水法规体系建设的主要任务包括五个方面：一是适应深入落实最严格水资源管理制度的要求，完善水资源配置、节约、保护和管理的法律法规，重点做好节约用水、地下水管理、水资源论证、水功能区管

理、水能资源管理、用水总量控制、跨流域调水、取水权转让等方面的制度建设；二是适应大力推进民生水利的要求，完善防汛抗旱、农田水利、农村水电、水土保持的法律法规，重点做好洪水影响评价、农田水利、农村水电、饮用水安全保障、蓄滞洪区管理、水利工程移民安置等方面的制度建设；三是适应加强和创新水利社会管理的要求，完善河湖管理、水利工程管理的法律法规，重点做好河道管理、河道采砂管理、湖泊管理、水库管理等方面的制度建设；四是适应强化流域管理的要求，完善流域规划、水量调度、水资源保护的法律法规，重点做好长江、黄河流域的综合立法和珠江水量调度、长江流域水资源管理与保护、河口管理等方面的制度建设；五是适应深化水利改革的要求，研究论证水务管理、小型水利工程产权制度改革、水生态补偿、水生态修复等方面的法律法规。

第三节　水行政执法体系建设

一、水行政执法体系概述

水行政执法体系，包括组织体系、执行运行体系和执法保障体系。组织体系指水政监察机构和队伍；执法运行体系指执法队伍建设和执法运行的制度体系；执法保障体系是指保障执法活动顺利进行的物质条件和能力建设。完善的水行政执法体系是水政监察工作顺利开展的必备条件。

二、水行政执法体系构建的意义

（1）水行政执法是贯彻执行水法律法规的必然需求。在水行政执法过程中，必须要以水行政执法的严肃性作为有力的保障和支撑，才能保证水行政执行的贯彻与顺利执行和实现。

（2）我国水利工程对保障各个地区的经济发展、人民的生活保障及生命财产安全，发挥了不可估量的重要作用。水利工程的建设量需求非常大，大批的水利工程建设，需要通过水行政执法保障其安全。但由于各种原因，致使水利工作效益降低，存在安全隐患。

（3）水行政执法是维护水事秩序的需要。由于水的用途广泛，具有多功能性，涉及国家建设和人们工作、生活的方方面面，因此构成了复杂的水事关系，水行政执法着力于具体的调解与疏通工作，以维持社会正常水事秩序。

（4）水行政执法是水行政履行职能的需要。水行政执法是加强水行政管理的必然需要。从行政管理方面来讲，水行政管理主要包括一些事务前的宣传、教育、公告、指引和事后的处理、处罚与补救等程序，但在其中没有执法手段，所以，行政管理工作无法由事务前期阶段过渡到后期事务发生、发展阶段，导致行政管理部门在违法案件面前束手无策，所以，水行政执法为水行政管理工作提供了必要的支撑。

三、水行政执法体系构建的具体措施

目前，各地共组建成立全国水政监察队伍3400余支，共有专兼职水政监察人员7万余名，全国水行政执法网络基本建立。做好水宣传与教育工作，使各单位部门人员全面掌握水法知识，提高法制意识，做到懂法、守法，把学习水法与建设和谐社会结合起来，进一步学习贯彻党中央的治水方针、治水思路，坚持依法治水、依法管理水资源、严格执法，形成良好的水行政执法氛围。在进行水务体制改革时，加强水行政执法基础配套设施，为建设高效、强力的执法监管体制队伍打好坚实基础。改革水行政审批制度，促进了政府职能转变，提高了水行政主管部门的行政管理效率，形成了责权明确、行为规范、监督有效、保障有力的水行政执法体制，有力地维护正常的水事秩序，保障了经济社会的和谐发展。

第四节　水行政执法和水事纠纷调解的主要内容

一、水行政执法的主要内容

水行政执法是相对于水行政立法与水行政司法而提出来的。简而言之，就是水行政执法主体依照水事法律法规和其他规范性文件，针对水行政执法相对人（自然人、法人或其他组织）的特定水行政行为而做出的带有行政执法性质的具体行为。

水行政执法的主要内容包括：水行政许可（亦称为水事行政审批）、水行政征收、水行政确认、水行政指导、水行政处罚、水行政强制、水行政命令。

二、水事纠纷调解的主要内容

随着社会经济的发展和城市化进程的加快，用水需求越来越大，水事矛盾越来越突出，经常发生的水事纠纷主要有以下几种：

（1）因一方修建跨河工程给上下游、对岸堤防的防洪标准造成影响，或不能正常用水而引发的纠纷。

（2）因水资源的开发利用引发的纠纷。

（3）因泄洪或排涝引发的纠纷。

（4）因向河道排放污染物引发的纠纷。

（5）其他纠纷。

水事纠纷调解是发生水事纠纷的当事人在平等自愿的基础上，由水行政机关居中主持，通过友好协商、互让互谅的方式达成协议，从而解决水事纠纷的行政行为。它是介于水行政复议与水事法律诉讼之间的一种救济措施。在水事纠纷调解中，国家水行政主管机关以中间人的角色，在调解中居于主导地位。主持调解时，以维护法律、法规的正确实施和国家利益为前提，兼顾双方当事人的合法利益，以求达成和解。

第一章　法学基础与行政法律制度

第一节　法 学 基 础 知 识

一、法的概念

法是以国家政权意志形式出现的，作为司法机关办案的依据，具有普遍性、明确性和肯定性。法是以权利和义务为主要内容的，体现执政阶级意志并最终决定于社会物质生活条件的各种社会规范的总称。

（一）法的本质

（1）法体现统治阶级的意志。社会规范的作用就是调整一定范围内的社会关系。社会关系有阶级性，社会规范也有阶级性。其他社会规范在阶级社会中可为各阶级所有，只有法首先和主要体现统治阶级的意志。

（2）法是阶级性和社会性的统一。阶级性是法的本质属性，它是一定社会关系的反映。但同时，法也是一种普遍性的社会规范，它约束全体社会成员的行为。法既要服务于一定阶级的政治统治、执行政治职能，又要处理社会公共事务、执行社会职能。

（二）法的特征

（1）法是调整人行为的社会规范。法不同于道德、宗教等社会规范，建立在人们的信仰基础上。法是一种以国家强制力为后盾的，调整人们行为的社会规范。

（2）法是由公共权力机构制定或认可的具有特定形式的社会规范。国家形成法律有两种基本方式：一种是制定法律，即国家立法机关将统治阶级的意志转化为法律；另一种是认可法律，即国家立法机关对社会中已有的社会规范赋予法的效力。

（3）法是具有普遍性的社会规范。法的普遍性具有三层含义：一是在国家权力所及的范围内，法具有普遍效力或约束力；二是要求法律面前人人平等；三是法的内容始终具有与人类的普遍要求相一致的趋向。

（4）法是以权利义务为内容的社会规范。法设定以权利义务为内容的行为模式，指引人们的行为，以调节社会关系。法所规定的义务，不仅针对公民，而且针对一切社会组织和国家机构。

（5）法是以国家强制力为后盾，通过法律程序保证实现的社会规范。法律强制是一种国家强制，是以军队、警察、法官、监狱等国家强制力为后盾的强制。

二、法的渊源

法的渊源是指由不同国家机关制定、认可和变动的，具有不同法的效力或地位的各种法的形式。

我国法的渊源主要为以宪法为核心的各种制定法，包括宪法、法律、行政法规、地方性法规、经济特区的规范性文件、特别行政区的法律法规、规章、国际条约、国际惯例等。

1. 宪法

宪法是由全国人民代表大会（简称“全国人大”）经特殊程序制定和修改的，综合性地规定国家、社会和公民生活的根本问题，具有最高法的效力的一种法。它在法的渊源体系中居于最高的、最核心的地位，是一级大法和根本大法。

2. 法律

法律是指我国现行法的渊源的一种，不是各种法的总称。

法律是由全国人大及常务委员会（简称“全国人大常委会”）依法制定和变动的，规定和调整国家、社会和公民生活中某一方面的根本性的社会关系或基本问题的一种法，是法的形式体系的二级大法，是行政法规、地方性法规、行政规章的立法依据和基础。

法律分为基本法律和基本法律以外的法律两种：①基本法律由全国人大制定和修改，在全国人大闭会期间，全国人大常委会也有权对其进行部分补充和修改，但不得和基本法律原则相抵触，基本法律如《中华人民共和国刑法》《中华人民共和国民法通则》等；②基本法律以外的法律，由全国人大常委会制定和修改，规定由基本法律调整以外的国家、社会和公民生活某一方面的重要问题，调整范围比较窄，如我国的《水法》就属于基本法律以外的法律。

3. 行政法规

行政法规是由国务院根据宪法、法律，按法定程序制定和颁布的规范性文件的总称。行政法规效力低于宪法和法律，不得与宪法和法律相抵触。

4. 地方性法规、民族自治地方法规、经济特区的规范性文件

这三类都是由地方国家权力机关制定的规范性文件。

地方性法规是有权限的地方（即省、自治区、直辖市以及省级人民政府所在地的市和经国务院批准的较大的市）的国家权力机关（即人民代表大会及常务委员会），根据本地行政区域的具体情况和实际需要，依法制定的在本行政区域内具有法的效力的规范性文件，地方性法规在不同宪法、法律、行政法规相抵触的前提下才有效。

民族自治区地方的人民代表大会有权依照当地的民族的政治、经济和文化的特点，制定自治条例和单行条例，报上一级人民代表大会常务委员会批准之后才生效。自治条例是一种综合性法规，内容比较广泛；单行条例是有关某一方面事务的规范性文件。民族自治法规只在本自治区域内有效。

经济特区的规范性文件，是由全国人大及常委会授权制定的，其法律地位和效力不同于一般的行政法规、规章，是我国法的渊源之一。

5. 特别行政区的法律

宪法规定，国家在必要时设立特别行政区，在特别行政区内实行的制度按照具体情况由全国人大以法律规定，这是“一国两制”的构想在宪法上的体现。特别行政区实行不同于全国其他地区的经济、政治、法律制度，特别行政区的法律、法规在我国法的渊源中成为单独的一类。

6. 规章

规章是有关行政机关依法制定的有关行政管理的规范性文件的总称，分为部门规章和政府规章。

部门规章是国务院所属部委根据法律和国务院的行政法规、决定、命令，在本部门的权限内发布的各种行政性的规范性文件，又叫部委规章，地位低于宪法、法律、行政法规，不得与它们相抵触；政府规章是有权限的地方的人民政府根据法律、行政法规制定的规范性文件，又称地方政府规章，不得与宪法、法律、行政法规相抵触，也不得与上级和同级地方性法规相抵触。

7. 国际条约、国际惯例

国际条约是两个以上国家或国际组织间缔结的确定其相互关系中权利和义务的各种协议。国际条约包括国际法主体的宪章、公约、盟约、联合宣言等；国际惯例是指以国际法院等各种国际裁决机构的判例所体现或确认的国际法规和国际交往中形成共同遵守的不成文的习惯。

三、法的效力

法的效力指法的生效范围或适用范围，即法在什么时间、什么地方和对什么人适用，即法的时间效力、空间效力、对人的效力。

1. 法的时间效力

法的时间效力是指法的生效时间、废止时间和溯及力三个方面。法的生效时间有三种方式：一是自法公布之日起生效；二是由该法明文规定具体的生效时间；三是规定法公布后到达一定期限开始生效。

法的废止时间有两种方式：一是明示废止，即在新法或其他法中明文规定对旧法加以废止；二是默示废止，即旧法与新法相冲突时适用新法。如果法与法之间存在矛盾，则适用“新法优于旧法”“后法优于前法”的原则，默示废止原有的“旧法”或“前法”。

法的溯及力是指法颁布施行以后，对其生效前所发生的事件和行为是否适用的问题，适用则法就有溯及力，不适用则法无溯及力。我国和大多数国家都采用不溯及以往原则，即法不适用其生效前所发生的事件和行为。

2. 法的空间效力

法的空间效力是指法生效的地域范围，即法在哪些地方有拘束力。

一国的法，如果不是有特定的空间效力，则可以在其主权范围内都有效，包括陆地、水域及其领土和领空，还包括延伸意义上的领土，即本国驻外大使馆、领事馆，在本国领域外的本国船舶和飞行器等。

3. 法对人的效力

法对人的效力指法对哪些人具有拘束力，适用于哪些人。

我国法对人的效力的规定包括两方面：一是对中国人的法律效力，中国公民在中国领域内适用中国法律，在中国境外的中国公民也应遵守中国法律并受中国法律保护；二是对外国人和无国籍人的效力，外国人和无国籍人在中国领域内，除法律另有规定外适用中国法律，中国法律既保护他们在中国的法定权利与合法利益，又依法处理其违法的问题。

四、法律关系

法律关系是在法律规范调整社会关系的过程中所形成的人们之间的权利和义务关系。

（一）法律关系的主体

1. 法律关系主体的含义和种类

法律关系主体是法律关系的参加者，是法律关系中权利的享受者和义务的承担者，享有权利的一方为权利人，承担义务的一方为义务人。

能够参与法律关系的主体包括以下几类：一是公民，既指中国公民，也指居住在中国境内或在中国境内活动的外国公民和无国籍人；二是机构和组织，包括国家机关、企事业组织、政党和社会团体；三是国家，在特殊情况下，国家可以作为一个整体成为法律关系主体。

2. 权利能力和行为能力

公民和法人要能够成为法律关系的主体，享有权利和承担义务，就必须具有权利能力和行为能力，即具有法律关系主体构成的资格。

权利能力是权利主体享有权利和承担义务的能力，各种具体权利的产生必须以主体的权力能力为前提。公民的权利能力包括一般权利能力和特殊权利能力：一般权利能力为所有公民普遍享有，始于出生，终于死亡，如人身不受侵犯的权利能力；特殊的权利能力以一定的法律事实出现为条件才能享有，如参加选举的权利能力。

法人的权力能力与公民的权利能力不同。一般而言，法人的权利能力自法人成立时产生，至法人解体时消灭，其范围是由法人成立的宗旨和业务范围决定的。

行为能力是指法律关系主体能够通过自己的行为取得权利和承担义务的能力。公民的行为能力是公民的意识能力在法律上的反映。确定公民有无行为能力，其标准有二：一是能否认识自己行为的性质、意义和后果；二是能否控制自己的行为并对自己的行为负责。因此，公民能否达到一定年龄或者神智是否正常，就成为公民是否具有行为能力的标志，如精神病人和未成年人就不具有或不完全具有相应的行为能力。当然，公民具有行为能力必须首先具有权利能力，但具有权利能力并不必然就具有行为能力，如刚出生的婴儿在享有继承权的同时却并不享有继承遗产的行为能力，需由其监护人代为行使。

法人也具有行为能力，但与公民的行为能力不同。法人的行为能力和权利能力是同时产生、同时消灭的，法人一经依法成立就同时具有权利能力和行为能力，法人一经依法撤销，权利能力和行为能力就同时消灭。

（二）法律关系的内容

法律关系的内容就是法律权利与法律义务：法律权利是法所允许的权利人为了满足自己的利益而采取的、由其他人的法律义务所保证的法律手段；法律义务是法所规定的义务人应按权利人要求从事一定行为或不从事一定行为，以满足权利人的利益的法律手段。

在任何法律关系中，权利人享受权利依赖于义务人承担义务，义务人不承担义务，权利人不可能享受权利；权利与义务表现的是同一行为，对一方当事人是权利，对另一方则是义务，不能一方只享受权利不承担义务，另一方只承担义务不享受权利，这就是权利与义务的一致性。

（三）法律关系的客体

法律关系的客体是指法律关系主体之间权利和义务所指向的对象。那些能够满足主体需要并得到法的确认和保护的客观现象就成为法律关系的客体。

在法律关系中，权利人的权利所指向的对象与义务人的义务所指向的对象是同一的。法律关系的客体包括以下四类：

（1）物。它既可以表现为河流、森林、土地、其他自然资源等自然物，也可以表现为建筑物、机器、各种产品等人的劳动创造物；它既可以是国家和集体的财产，也可以是公民的个人财产；它还可以是财产的一般表现形式如货币，以及支票、汇票、存折、股票、债券等其他各种有价证券。

（2）非物质财富。它包括创作活动的产品和其他与人身相联系的非财产性财富。创作活动的产品包括科学著作、文学艺术作品、科学发明与发现、合理化建议、商标等，这些产品都是人们脑力活动的产物，又称智力成果。

（3）人身。人身是由各个生理器官组成的生理整体，它是人的物质形态，也是人的精神利益的体现。在现代社会，科技的发展使得输血、植皮等现象大量出现，产生了此类交易买卖活动，带来一系列法律问题。这样，人身不仅是人作为法律关系主体的承载者，而且一定范围内成为法律关系的客体。但必须注意的是，活的人的身体不能参与有偿的经济活动，不得转让和买卖；权利人不得进行滥用人身、自残人身的活动；对人身行使权利必须依法进行，不得超出法律授权的界限。

（4）行为结果。一定的行为结果可以满足权利人的利益和需要，可以成为法律关系的客体，如对侵犯了别人的名誉后的赔礼道歉。

（四）法律关系的产生、变更和消灭

1. 法律关系的产生、变更和消灭的条件

法律关系的产生、变更和消灭的条件，一是法律规范，二是法律事实。法律规范是法律关系形成、变更和消灭的法律依据，没有一定的法律规范就不会有相应的法律关系。但法律规范的规定只是主体权利和义务关系的一般模式，还不是现实的法律关系本身。法律关系的产生、变更和消灭还必须具备直接的前提条件，这就是法律事实，它是法律规范与法律关系联系的中介。

法律事实是法律规范所规定的，能够引起法律关系产生、变更和消灭的客观情况或现象。它包括两层意思：一是法律事实是一种客观存在的外在现象，而不是人们的一种心理现象或心理活动，纯粹的心理现象或心理活动不能看成法律事实；二是法律事实是由法律规定的、具有法律意义的事实，能够引起法律关系的产生、变更或消灭，与人类生活无直接关系的纯粹的客观现象不是法律事实。

2. 法律事实的种类

按照是否以人们的意志为转移作标准，可将法律事实分为法律事件和法律行为。法律事件是法律规范规定的，不以当事人的意志为转移而引起法律关系产生、变更或消灭的客观事实。法律事件又分成社会事件和自然事件两种，前者如社会革命、战争等，后者如人的生老病死、自然灾害等。由于这些事件的出现，法律关系主体之间的权利与义务关系就有可能产生，也有可能发生变更，甚至完全归于消灭。法律行为可以作为法律事实而存在，能够引起法律关系产生、变更和消灭。因为人的意志有善意与恶意、合法与违法之分，所以行为也可以分为善意行为、恶意行为、合法行为、违法行为。

五、法律责任

法律责任是指行为人由于违法行为、违约行为或者由于法律规定而应承受的某种不利的法律后果。与道义责任或其他社会责任相比，法律责任有两个特点：一是承担法律责任的最终依据是法律；二是法律责任具有国家强制性。

（一）法律责任的种类

以引起责任的行为性质为标准，将法律责任划分为以下几种。

1. 刑事责任

刑事责任是指行为人因其犯罪行为所必须承受的，由司法机关代表国家所确定的否定性法律后果。其特点包括：第一，产生刑事责任的原因在于行为人行为的严重社会危害性；第二，刑事责任是犯罪人向国家所负的一种法律责任，刑事责任的大小、有无都不以被害人的意志为转移，法律依据是刑事法律；第三，刑事责任是一种惩罚性责任，是所有法律责任中最严厉的一种。

2. 民事责任

民事责任是指由于违反民事法律、违约或者由于民法规定所应承担的一种法律责任。其特点包括：第一，民事责任是一种救济责任，主要功能在于救济当事人的权利，赔偿或补偿当事人的损失；第二，民事责任主要是一种财产责任；第三，民事责任主要是一方当事人对另一方当事人的责任。

3. 行政责任

行政责任是指因违反行政法或因行政法规定而应承担的法律责任。其特点包括：第一，承担行政责任的主体是行政主体和行政相对人；第二，产生行政责任的原因是行为人的行政违法行为和法律规定的特定情况；第三，通常情况下，行政责任实行过错推定的方法予以确定，其承担方式多样化。

4. 违宪责任

违宪责任是指由于有关国家机关制定的某种法律和法规、规章，或者有关国家机关、社会组织或公民从事的与宪法规定相抵触的活动而产生的法律责任。对违反这类宪法规定的行为，是不能通过追究刑事责任、民事责任或行政责任来预防和制止的。在我国，监督宪法实施的权力属于全国人民代表大会及其常务委员会。

5. 国家赔偿责任

国家赔偿责任是指国家对于国家机关及其工作人员执行职务，行使公共权力损害公民、法人和其他组织的法定权利与合法利益所应承担的赔偿责任。其特点包括：第一，产生国家赔偿责任的原因是国家机关及其工作人员在执行职务过程中的不法侵害行为；第二，国家赔偿责任的主体是国家。

（二）法律责任的归责和免责

1. 法律责任的归责原则

法律责任的归责是指由特定的国家机关或国家授权的机关依法对行为人的法律责任进

行判断和确认。在我国，归责的原则主要包括以下几种：

（1）责任法定原则。是指法律责任作为一种否定的法律后果应当由法律规范先规定，当出现了违法行为或法定事由的时候，按照事先规定的责任性质、责任范围、责任方式追究行为人的责任。这是法律责任归责最核心的原则，即“合法”。

（2）公正原则。对任何违法、违约的行为都应依法追究相应的责任，坚持公民在法律面前一律平等，即“公正”。

（3）效益原则。是指在追究行为人的法律责任时，应当进行成本收益分析，讲求法律责任的效益，即“有效”。

（4）合理性原则。是指在设定及归结法律责任时考虑人们的心智与情感因素，以便真正发挥法律责任的功能，即“合理 ”。

2. 法律责任的免责条件

法律责任的免除也称免责，是指法律责任由于出现法定条件被部分或全部地免除。我国主要存在以下几种免责形式：

（1）时效免责。即法律责任经过了一定期限后被免除。其目的在于督促法律关系主体及时行使权力、结清权利义务关系，提高司法机关的工作效率。

（2）不诉及协议免责。是指如果受害人或有关当事人不向法律起诉要求追究行为人的法律责任，行为人的法律责任就实际上被免除，或者受害人与加害人在法律允许的范围内协调同意的免责。

（3）自首、立功免责。是指对那些违法行为之后有立功表现的人，免除其部分和全部的法律责任，是一种功过相抵的免责形式。

（4）因履行不能免责。即在财产责任中，在责任人确实没有能力履行或没有能力全部履行的情况下，有关的国家机关免除或部分免除其责任。

（三）法律制裁

法律制裁是指由特定的国家机关对违法者依其法律责任而实施的强制性惩罚措施。分为刑事制裁、民事制裁、行政制裁和违宪制裁。

第二节 行政法概述

一、行政法的概念、特征和分类

（一）行政法的概念及其特征

行政法是指行政主体在行使行政职权和接受行政法制监督过程中而与行政相对人、行政法制监督主体之间发生的各种关系，以及行政主体内部发生的各种关系的法律规范的总称。行政法具有以下特征：

（1）行政法没有统一完整的实体行政法典。这是因为行政法涉及的社会领域十分广泛，内容丰富且行政关系复杂多变，故行政法散见于层次不同、名目繁多、种类不一、数量较多的各种法律、行政法规、地方性法规、规章以及其他规范性文件中。也就是说，凡是涉及行政权力的规范性文件，均存在行政法规范。

（2）行政法涉及的领域十分广泛，内容十分丰富。行政权活动领域已不仅限于外交、国防、治安、税收等领域，而是扩展到了社会生活的各个方面。各个领域所发生的社会关系均需要行政法调整，使得现代行政法适用的领域更加广泛，内容也更加丰富。

（3）行政法具有很强的变动性，需要经常进行废、改、立。

（二）行政法的分类

1. 按行政法的作用分类

按行政法的作用可将行政法规范分为以下三类：

（1）关于行政组织的法律规范。这类规范可以分为两部分：一部分是有关行政机关的设置、编制、职责活动程序和方法的法律规范；另一部分是有关国家行政机关与国家公务员双方在录用、培训、考核、奖惩、晋升、调动中的权利与义务关系的法律规范。

（2）关于行政行为的法律规范。其中最主要的是行政机关与行政相对人双方权利、义务关系的法律规范。

（3）关于监督行政权的法律规范。主要有行政监察、行政审计、行政复议、行政诉讼、行政赔偿等法律规范，是行政法律制度的重点。

2. 按行政法调整对象的范围分类

按行政法调整对象的范围可将行政法分为以下两类：

（1）一般行政法。这是对一般的行政关系加以调整的法律规范的总称，如行政组织法、行政行为法、行政程序法、行政监督法、行政救济法等，所有行政主体都必须遵守一般行政法。

（2）部门行政法。这是对部门行政关系加以调整的法律规范的总称，如经济行政法、军事行政法、教育行政法、公安行政法。

二、行政法的表现形式和作用

（一）行政法的表现形式

在我国，行政法主要有宪法、法律、行政法规、地方性法规、民族自治条例和单行条例行政规章六种表现形式。此外，国际条约、法律解释以及行政机关与党派、群众团体等联合发布的行政法规、规章等规范性文件，也是行政法的表现形式。

（二）行政法的作用

行政法与刑法、民法一样，在我国法律体系中具有极其重要的地位。其作用主要表现为以下三个方面：

（1）维护社会秩序和公共利益。社会在不断发展进程中会产生一些社会问题，行政机关通过行政立法、行政执法等各种手段，能够有效地规范行政相对人的行为，制止危害他人利益和公共利益的违法行为，建立和维护社会秩序和行政管理秩序。

（2）监督行政主体，防止行政权力的违法和乱用。行政权力客观上具有易腐性、扩张性以及个人权利的不对等性，因而必须对其加以监督和制约。

（3）保护公民、法人和其他组织的合法权益。行政法一方面通过赋予行政机关合法权限并监督其行使，来保障公民、法人和其他组织各项政治权利、经济权利和社会权利的实现；另一方面通过赋予公民、法人和其他组织对行政行为的监督权，行政权行使过程中的

参与权，特别是对行政行为提起行政复议、行政诉讼和要求赔偿的权利来保护自己的合法权益。

三、行政法的基本原则

行政法的基本原则是行政法的精髓，贯穿于行政立法、行政执法、行政司法和行政法制监督之中，是指导行政法的制定、修改、废除并指导行政法实施的基本原则。

1. 依法行政原则

这是行政法最核心的基本原则，是指行政机关必须依法行使行政权。行政机关权利的取得必须由法规设定；行政机关权力行使必须依据法规，既不能违反实体规范，也不能违反程序规范；违法行政必须承担法律责任。

2. 合理行政原则

合理行政原则是指行政机关实施行政管理应公平、公正，其行为要客观、适度，符合理性。即要求行政机关平等对待行政相对人，不偏私、不歧视；行使自由裁量权应当符合法律目的，排除不相关因素的干扰；所采取的措施和手段应当必要、适当。

第三节 行政法律制度

一、行政行为的概念和特征

行政行为是行政法律行为的简称，是指国家行政机关或其他行政主体依法实施行政管理并直接或间接产生法律效果的行为。其主要特征有以下几个方面：

（1）行政行为是国家行政机关以及其他行政主体所作出的行为。在一般情况下，只有行政机关才能作出行政行为，社会团体、企业事业单位所作出的行为不能称为行政行为。但是在某些法律法规授权的组织在其授权范围内，行政机关委托的组织或个人在其委托的范围内，也可作出被授权的或被委托的行政行为。

（2）行政行为是行政机关以及其他行政主体行使行政职权、实施行政管理的行为。行政主体依据行政权实施行政管理的活动才能称为行政行为。

（3）行政行为是法律行为，是行政机关以及其他行政主体依据法律规定所作出直接或者间接产生行政法律效果的行为。

二、行政行为的分类

按行政相对人是否特定将行政行为分为抽象行政行为和具体行政行为。抽象行政行为是指行政机关制定和发布普遍性行为规范的行为，有时也称为制定行政规范性文件的行为，如水利部门制定部门规章的行为就是抽象行政行为。具体行政行为是指行政机关针对特定的人或事作出的，对行政相对人权利义务产生影响的行为，如某水利厅依法对违反水土保持法的企业进行查处的行为就是具体行政行为。抽象行政行为具有反复适用和不断重复的发生法律效力的特点，而具体行政行为一般只针对特定对象一次性发生法律效力。

三、行政行为的合法要件

行政行为的合法要件是指合法行政行为所必须具备的法定条件。包括以下五个方面：

（1）行为主体合法。只有合法的行为主体作出的行政行为才是合法的行政行为，要求行为主体具备行政主体资格，即依法成立，能够以自己的名义或委托机关的名义实施行政行为并承认相应的法律后果。

（2）行为权限合法。只有依据合法权限作出的行政行为才是合法的行政行为，要求行政行为必须是在行政主体法定权限内所作出的行为，既不能超越职权，也不能滥用职权。

（3）行为内容合法。只有内容合法的行政行为才是合法的行政行为。要求行政行为具有事实根据，意思表示真实、完整和确定；抽象行政行为具有法律依据，具体行政行为适用法律、法规、规章正确；行政行为的目的符合立法精神。

（4）行为程序合法。合法的行政行为，必须符合法定的程序。

（5）行为形式合法。只有形式合法的行政行为才是合法的行政行为。对形式有特殊要求的行政行为必须具备法律所要求的形式。

四、行政行为的撤销、废止、变更和终止

行政行为一经作出，就具有法律效力，将对社会和行政相对人产生作用。但是，有些行政行为的作出，由于情况发生变化，必须撤销、变更、废止或终止。

行政行为的撤销是指已经生效的行政行为，经有权机关按法定程序予以撤销，使其失去效力。撤销的原因一般是由于行政行为本身含有违法或不当的因素。

行政行为的废止是指有权机关依据法定程序废止已经生效的行政行为，使其失去效力。废止的原因在于行政行为已不适应新的社会变革的要求。

行政行为的变更是指对已经生效的行政行为的部分内容加以改变。变更的原因是由于行政行为的部分违法或不当，或者已经生效的行政行为有一部分不适应新的社会变革的要求。

行政行为的终止又称为行政行为的消灭，是指有权机关依据法定程序使行政行为失去效力。这与行政行为的废止是相同的，但终止一般是行政行为自然失去效力。终止的原因大致有：行政行为对象的消失；行政相对人不再存在，也没有权利义务的继承者；行政行为的有效期限届满；行政行为的任务完成后自然失效。

五、行政法律制度

行政法律制度由行政组织法律制度、行政行为法律制度和行政救济法律制度构成。

行政组织法律制度是规范行政机关的职能、组织、权限、编制以及公务员的权利、义务和责任的行政法律制度，我国目前已颁布施行了三部重要的行政组织法，即《国务院组织法》《地方各级人民代表大会和地方各级人民政府组织法》和《中华人民共和国公务员法》。

行政行为法律制度是规范、制约行政行为的行政法律制度，主要由用以规范行政立法行为的行政立法法律制度、用以规范行政执法行为的行政执法法律制度和用以规范行政监

督行为的行政监督法律制度三部分组成。行政立法行为目前主要由三部法律和行政法规予以规范，即2000年实施的《中华人民共和国立法法》和2001年实施的《行政法规制度程序条例》与《规章制定程序条例》。行政执法行为主要是一种实施法律的行为，因此行政执法法律制度在行政收费和行政程序等综合性行政法律制度中尤为重要。行政监督法律制度是针对行政系统内部的监督设立的，主要包括上级对下级的层级监督（如执法检查、备案审查、考核奖惩等）和专门机关（审计机关和监察机关）的专门监督（分别依《中华人民共和国审计法》和《中华人民共和国行政监察法》实施监督）两类。

行政救济法律制度目前主要由《中华人民共和国行政诉讼法》（简称《行政诉讼法》）、《中华人民共和国行政复议法》（简称《行政复议法》）和《中华人民共和国国家赔偿法》（简称《国家赔偿法》）进行规范。

下面简要介绍行政法律制度中的行政许可、行政处罚、行政强制等行政执法法律制度以及行政诉讼、行政复议、行政赔偿等行政监督法律制度。

（一）行政许可

《行政许可法》于2003年8月由第十一届全国人大常委会第四次会议审议通过，2004年7月1日起施行。《行政许可法》规定，行政许可是指行政机关根据公民、法人和其他组织的申请，经过依法审查准予其从事特定活动的行为。其基本原则包括：一是法定原则，即许可的设定和实施必须依照法定的权限、范围、条件和程序；二是公开、公平、公正原则；三是便民和效能原则；四是监督与责任原则，即“谁许可、谁负责、谁监督”。

1. 行政许可的设定

设定行政许可是国家机关创设有关行政许可权利义务的活动，设定行政许可应当规定行政许可的实施机关、条件、程序和期限。

全国人大及其常委会、国务院、有权限的地方（即省、自治区、直辖市以及省级人民政府所在地的市和经国务院批准的较大的市）人大及其常委会采用法律、行政法规和地方性法规的形式设定行政许可，省级政府可以依据法定条件设定临时性行政许可，其他国家机关一律不得以其他规范性文件形式设定行政许可。

2. 行政许可的实施机关

实施行政许可原则上应当由行政机关进行。《行政许可法》规定，行政许可的实施机关有三类：第一类是具有行政许可权的行政机关，如县级以上人民政府的水行政主管部门；第二类是法律、法规授权的具有管理公共事务职能的组织，如水利部在国家确定的重要江河、湖泊设定的流域管理机构（七大流域管理机构），以及其他法律法规授权的组织（如地方人民政府设立的水土保持机构、地方性法规设定的河湖管理机构等）；第三类是受委托实施行政许可的行政机关。

3. 行政许可的实施程序

行政许可的实施程序分为普通程序（一般程序）和特别程序。《行政许可法》没有作出特别规定的，则适用普通程序的规定。

普通程序针对普通许可，包括申请与受理、审查与决定、期限、听证、变更与延续等环节。应遵守以下规则：一是申请人对其申请材料实质内容的真实性负责；二是行政机关在审查申请的过程中，应当听取申请人、利害关系人的意见，申请人、利害关系人有权进行陈述和申辩；三是行政机关依法作出不予行政许可的书面决定的，应当说明理由，并告知申请人享有依法申请行政复议或者提起行政诉讼的权利；四是通过举行听证进行审查决定的，行政机关应当依据听证笔录，作出行政许可决定。

特别程序是普通程序的例外，主要包括有数量限制的许可的实施程序、特许程序、认可程序、核准程序和登记程序等，如赋予公民特定资格和赋予法人或者其他组织特定资格、资质，对重要的设备设施、产品和物品进行检验，确定企业或者其他组织主体资格等。

4. 行政许可的费用

行政许可费用有两个基本原则，即禁止收费原则和法定例外的实施。

行政机关实施行政许可和对行政许可事项进行监督检查，禁止收取任何费用。对于行政机关提供的行政许可申请书格式文本，也不得收费。

行政机关实施行政许可收取费用的，必须以法律和行政法规的规定为依据，并且应当遵守以下重要规则：一是按照公布的法定项目和标准收费；二是所收取的费用必须全部上缴国库；三是财政部门不得向行政机关返还或者变相返还实施行政许可所收取的费用。

5. 行政许可的监督检查

监督检查制度包括：一是上级对下级行政机关实施行政许可的监督检查；二是对被许可人从事行政许可事项活动的监督检查；三是对被许可人履行法定义务的监督检查；四是对行政许可的撤销和注销（撤销是使构成违法的行政许可丧失效力的处理，注销是使由于客观原因或者法律原因不可能继续存在的行政许可失去效力的处理）。

（二）行政处罚

《中华人民共和国行政处罚法》（简称《行政处罚法》）于1996年3月17日由第八届全国人大第四次会议审议通过。

1. 行政处罚的概念和特征

行政处罚是指有行政处罚权的行政机关、法律法规授权的组织或行政机关委托的组织依法对违反行政管理秩序尚未构成犯罪的个人或组织予以制裁的一种行政行为。

行政处罚的特征：实施行政处罚的主体是依法享有行政处罚权的行政主体；行政处罚的对象是实施了违反行政法律规范的行为而应当给予行政处罚的公民、法人和其他组织；行政处罚是对违反行政管理秩序且尚未构成犯罪的行为人的制裁；行政处罚是一种剥夺或限制相对人权益的行政行为。

2. 行政处罚的原则

（1）处罚法定原则。行政处罚必须严格依据法律规定进行，即实施处罚的依据、主体及其职权和程序必须是法定的。包括处罚设定法定、实施处罚的主体法定、实施处罚的依据法定、实施处罚的程序法定。

（2）处罚公正、公开原则。处罚公正是指行政处罚的设定与实施要公平，没有偏私，坚持处罚公正原则最重要、最关键的是正确行使行政自由裁量权，避免构成对自由裁量权的“滥用”；同时，要求执法者一视同仁地公正对待受处罚者，完善回避制度、听证制度等相关制度。处罚公开是指行政处罚的设定与实施要向社会公开，只有将处罚的全部活动（包括处罚的依据、程序、决定等）置于公众的监督之下，才能保证公正的实现。

（3）处罚与教育相结合的原则。处罚与教育相结合的原则是指行政主体在实施行政处罚时，要注意说服教育，纠正违法，实行制裁与教育相结合。作为法律制裁的一种形式，行政处罚也具有教育的功能。实施处罚时，对有关相对人主动消除或者减轻违法行为危害后果的，配合行政主体查处违法行为有立功表现的，应从轻或者减轻行政处罚；对违法行为轻微并及时纠正，没有造成危害后果的，可以免于处罚。

（4）无救济即无处罚原则。无救济即无处罚原则是指行政机关给予相对人行政处罚，相对人必有救济的途径，否则不应对其予以处罚。通过救济的途径，可以对实施处罚的行政行为进行审查和补救，形式上是对行政权的一种限制。救济是指因行政机关的违法或者不当的行政行为（包括不作为）致使公民、法人或其他组织的合法权益遭受损害而请求国家予以补救的制度，如行政复议、行政诉讼、行政赔偿。

（5）处罚适当（违法行为与处罚相适应）原则或过罚相当原则。对违法行为的处罚要与其违法情节的轻重、损害后果严重程度等相一致，既不能偏轻也不能过重。

（6）受处罚不免除民事责任原则。行政处罚是公法上的责任，是相对人对国家承担的责任，而民事责任是私法上的责任，是相对人对另外的公民、法人或组织承担的责任。

3. 行政处罚的种类

《行政处罚法》第八条对行政处罚的种类作出了统一规定，即警告，罚款，没收违法所得和非法财物，责令停产停业，暂扣或者吊销许可证、执照，行政拘留，以及法律、行政法规规定的其他行政处罚。

4. 行政处罚的实施主体

行政处罚的实施主体就是享有行政处罚权并实施行政处罚行为的组织。《行政处罚法》规定，行政处罚的实施主体包括以下几类：

（1）法律、行政法规和规章的明确授权，即依法取得特定的行政处罚权的行政机关。并不是任何行政机关都可以行使行政处罚权。

（2）法律、行政法规授权的组织。这些组织要成为实施行政处罚的主体，必须有法律、行政法规的明确授权，该组织还必须是具有管理公共事务职能的组织。

（3）受行政机关委托的组织。基于公共管理的需要，行政机关可以将自己拥有的行政处罚权委托给非行政机关组织行使。与法律、行政法规授权的组织不同，受行政机关委托的组织不具有行政主体地位，其在委托范围内不能以自己的名义而是以委托机关的名义实施行政处罚，而且不得再委托其他任何组织或个人实施行政处罚，其实施行政处罚的行为受到行政机关的监督，并由该委托机关对其行为的后果承担法律责任。

（三）行政强制

行政强制是指行政机关为了实现行政目的，对相对人的人身、财产和行为采取的强制性措施，包括行政强制执行、行政强制措施和即时强制。

1. 行政强制执行

行政强制执行指公民、法人或其他组织不履行生效行政决定所确定的义务，由行政机关依职权或申请人民法院强制履行义务或达到履行义务相同状态的具体行政行为。

行政强制的执行条件：一是公民、法人或其他组织逾期没有履行生效的行政决定所确定的义务；二是义务人具有主观上的故意，而不是客观上不能履行；三是行政强制执行的实施原则是申请人民法院执行，法律、行政法规规定行政机关有执行权时，由行政机关自行执行。

2. 行政强制措施

行政强制措施指执行机关为了预防、制止或者控制危害社会行为的发生，以及确保行政执法的顺利进行和行政决定的执行，依法对有关对象的人身或财产加以暂时的限制，使其保持一定的状态所采取的强制措施。根据针对的对象不同，行政强制措施可以分为对人身采取的行政强制措施和对财产采取的行政强制措施，前者包括遣送出境、强制遣回原地、强制隔离治疗、扣留或管束，后者包括查封、扣留、冻结、强制收购等。

3. 即时强制

即时强制是行政强制措施中的一种，特指行政机关在遇到重大灾害或事故，以及其他严重影响国家、社会、集体或者公民利益的紧急情况下，依照法定职权直接采取的强制措施。根据即时强制的对象不同，可分为对人身的即时强制和对财产的即时强制。前者包括对酗酒者的约束，对传染病患者的隔离治疗，对聚众扰乱社会秩序者的强制驱散等；后者包括对非法枪支的扣留，运输途中对易燃、易爆物品的强行保留等。

（四）行政诉讼

《行政诉讼法》于1989年4月4日由第七届全国人大第二次会议审议通过，是最重要的行政救济法，确立了具体行政行为合法与违法的标准。《行政诉讼法》规定，行政诉讼是指公民、法人或其他组织认为行政机关和行政机关工作人员的具体行政行为侵犯其合法权益，依照行政诉讼法的规定向人民法院提起诉讼，并由人民法院依法审理的活动。

1. 行政诉讼的原则

（1）人民法院特定主管原则。指人民法院只主管法律规定由法院主管的那一部分行政案件，法律没有规定的则不予受理；同时，法律规定由人民法院主管的行政案件，只要依法起诉，人民法院就必须受理。

（2）审查具体行政行为合法性原则。指行政诉讼中人民法院只审查具体行政行为而不审查抽象行政行为，同时行政诉讼中人民法院一般只审查具体行政行为的合法性而不审查具体行政行为的合理性。

（3）被告对作出的具体行政行为负举证责任原则。具体行政行为是行政机关单方面的主张和决定，行政机关对自己作出的具体行政行为的事实和法律依据最清楚，相对人往往不清楚处于被动地位，由作出具体行政行为的行政机关举证也就最为必要和可能。

（4）行政诉讼期间不停止执行的原则。指行政机关作出的具体行政行为不因相对人提起诉讼而停止执行。但是具有以下情况之一，诉讼期间可以停止具体行政行为的执行：一是被告认为需要停止执行的；二是原告申请停止执行，人民法院认为该具体行政行为的执行会造成难以弥补的损失，并且停止执行不损害社会公共利益，裁定停止执行的；三是法律、行政法规规定停止执行的。

（5）不适用调解原则。行政机关作出的具体行政行为的职权是法律授予的，不可让渡、放弃或自由协商处理，否则就是违法。但在行政侵权赔偿案件中，可以使用调解。

（6）有限司法变更原则。指在行政诉讼中，人民法院只对被诉行政行为作出维持、撤销、确认的判决，或判决被告重新作出具体行政行为，但只有对显失公正的行政处罚可以

判决变更。

(7) 解决行政争议的选择原则。指相对人不服行政机关的具体行政行为，既可以先向行政复议机关申请行政复议，对复议不服的，再向人民法院起诉，也可以直接向人民法院起诉。但是，法律、行政法规规定应当先向行政机关申请行政复议，对复议决定不服再向人民法院提起诉讼的，就必须先向行政机关申请行政复议。

2. 行政诉讼的受案范围

《行政诉讼法》规定，公民、法人或者其他组织认为行政机关和行政机关工作人员的具体行政行为侵犯其合法权益，有权依照本法向人民法院提起行政诉讼。

《行政诉讼法》第十一条规定，公民、法人或者其他组织对以下八种具体行政行为不服提起诉讼的，人民法院予以受理：①对拘留、罚款、吊销许可证和执照、责令停产停业、没收财物等行政处罚不服的；②对限制人身自由或者对财产的查封、扣押、冻结的行政强制措施不服的；③认为行政机关侵犯法律规定的经营自主权的；④认为符合法定条件申请行政机关颁发许可证和执照，行政机关拒绝颁发或者不予答复的；⑤申请行政机关保护人身权、财产权的法定职责，行政机关拒绝履行或者不予答复的；⑥认为行政机关没有依法发给抚恤金的；⑦认为行政机关违法要求履行义务的；⑧认为行政机关侵犯其他人身权、财产权的。

《行政诉讼法》规定，公民、法人或者其他组织对以下事项提起的行政诉讼人民法院不受理：①国防、外交等国家行为；②涵盖法规、规章或者行政机关制定、发布的具有普遍约束力的决定、命令；③行政机关对行政机关工作人员的奖惩、任免等决定；④法律规定由行政机关最终裁决的具体行政行为。

(五) 行政复议

《行政复议法》于1999年4月29日由第九届全国人大常委会第九次会议审议通过。

《行政复议法》规定，行政复议是指公民、法人和其他组织认为行政机关或其他行政主体的具体行政行为侵犯其合法权益，依法向上级行政机关或法律法规规定的特定机关提出申请，由受理申请的行政机关对原行政行为再次进行审查并作出裁决的制度。

1. 行政复议的范围

行政复议范围指行政复议机关受理行政争议案件的范围，即哪些行政行为可以成为行政复议的对象。由于行政机关本身的承受力有限，行政争议种类繁多，并不是所有的行政争议都适合通过行政复议解决。

(1) 具体行政行为的行政复议范围。根据《行政复议法》及有关法律、行政法规的规定，行政复议的范围主要包括由行政处罚、行政强制措施、许可证管理、行政确权、侵犯法定经营自主权、农业承包合同、违法要求履行义务、行政许可、不履行法定职责与行政给付十类具体行政行为引起的行政复议。除此之外，公民、法人或其他组织认为行政机关的其他具体行政行为侵犯其合法权益的，也有权申请行政复议。

(2) 抽象行政行为的行政复议范围。《行政复议法》规定，公民、法人或其他组织认为行政机关的具体行政行为所依据的国务院部门的规定、县级以上地方各级人民政府及其工作部门的规定以及乡、镇人民政府的规定等规范性文件（统称抽象行政行为）不合法，在申请行政复议时可一并向复议机关提出对该抽象行政行为的审查申请。需要特别注意的是，上述抽象行政行为不包括国务院部门规章和地方人民政府规章。

（3）行政复议的排除范围。行政复议的排除范围是指行政复议机关不予受理的行政复议事项，对于这些事项，行政相对人不得提出复议申请。主要包括：一是不服行政处分决定及其他人事处理决定的。行政处分决定及其他人事处理决定属于内部行政行为，因内部行政行为所引起的争议不能通过通常的行政复议途径解决，而应依照有关法律、行政法规的规定向其他有关行政部门如监察机关等提出申诉。二是不服行政机关对民事纠纷作出的调解和其他处理的。根据我国现行法律规定，某些行政机关依法享有处理民事纠纷的调解处理权力。对行政机关进行调解、处理民事纠纷行为不服的，不能申请行政复议，而只能由纠纷的当事人申请仲裁或提起诉讼来解决纠纷。

2. 行政复议申请

申请的条件：一是申请人认为具体行政行为直接侵犯其合法权益的公民、法人或者其他组织；二是有明确的被申请人；三是有具体的复议请求和事实根据；四是属于复议范围和受理复议机关管辖。

申请的期限：公民、法人或者其他组织认为具体行政行为侵犯其合法权益的，可以自知道该具体行政行为之日起 60 日内提出行政复议申请，但是法律规定的申请期限超过 60 日的除外。

申请的方式：申请人申请行政复议，可以书面申请，也可以口头申请。

3. 行政复议受理

行政复议机关收到复议申请书之日起 5 日内，应对复议申请分别作出处理：复议申请符合法律、法规规定和申请条件的，予以受理；复议申请不符合复议申请条件的，不予受理，但要告知申请人不予受理的理由；复议申请内容不全的，应告知申请人按期补正，过期未补正的，视为未申请。

4. 行政复议审理

行政复议一般实行书面审理的方式，即行政复议机关从受理之日起 7 日内将复议申请书副本发送被申请人，被申请人应在收到复议申请书副本之日起 10 日内向行政复议机关提交作出具体行政行为的有关资料，并提交答辩书，逾期不答辩的，不影响复议。

行政复议期间，具体行政行为不停止执行，但属于以下三种情况之一的，具体行政行为可以停止执行：一是复议机关认为需要停止执行的；二是被申请人认为需要停止执行的，申请停止执行，复议机关认为其申请合理，裁决停止执行的；三是法律、法规规定停止执行的。

5. 行政复议决定

行政复议审理完结后，行政复议机关应在法定期限内作出相应的行政复议决定，包括以下几种：

（1）维持决定。具体行政行为认定事实清楚、证据确凿、适用依据正确、程序合法，维持原具体行政行为的决定。

（2）履行决定。复议申请人要求被申请人作出某种具体行政行为，有事实根据与法律、行政法规和规章制度依据，被申请人无正当理由未作出有关具体行政行为，作出要求被申请人履行有关具体行政行为的决定。

（3）变更决定。具体行政行为违法或不当，作出改变原具体行政行为的决定。

（4）撤销决定。具体行政行为违法或不当，作出撤销该具体行政行为的决定。

（5）确认决定。行政复议机关经过审查有关行政机关的不作为行为或事实行为，宣布该行为违法的复议决定。

（6）责令被申请人赔偿的决定。行政复议机关对符合《国家赔偿法》的有关规定应当予以赔偿的，在决定撤销、变更或改变原具体行政行为时，应当同时决定被申请人依法予以赔偿。

（六）行政赔偿

《国家赔偿法》于1994年5月12日由第八届全国人大常委会第七次会议审议通过。

《国家赔偿法》规定，国家赔偿是指国家机关及其工作人员因违法行使职权侵犯公民、法人和其他组织的合法权益造成损害的，由国家机关承担赔偿责任。国家赔偿包括行政赔偿和司法赔偿两部分。以下仅就行政赔偿作简要介绍。

行政赔偿是指国家行政机关和行政机关工作人员在行使职权违法侵害公民、法人或者其他组织的合法权益造成损害时，国家负责向受害人赔偿的制度。

1．行政赔偿的范围

（1）对侵犯人身权的行政赔偿。对人身权的侵犯包括以下几种行为：违法拘留或者违法采取限制公民合法自由的行政强制措施的；非法拘禁或者以其他方法非法剥夺公民人身自由的；以殴打等暴力行为或者唆使他人以殴打等暴力行为造成公民身体伤害或者死亡的；违法使用武器、警械造成公民身体伤害或者死亡的；造成公民身体伤害或者死亡的其他违法行为。

（2）对侵犯财产权的行政赔偿。对财产权的侵犯包括以下几种行为：违法实施罚款、吊销许可证和执照、责令停产停业、没收财物等行政处罚的；违法对财产采取查封、扣押、冻结等强制措施的；违反国家规定征收财物、摊派费用；造成财产损失的其他违法行为（如行政机关对符合法定条件的申请人拒绝颁发许可证、执照或不予答复的，拒绝履行保护公民、法人人身权、财产权的法定职责或不予答复的，没有依法给付抚恤金的等）。

2．国家不予赔偿的情形

国家不予赔偿的情形包括：行政机关工作人员实施的与行政职权无关的个人行为；因公民、法人或其他组织自己的行为致使损害发生的。

3．行政赔偿请求人和赔偿义务机关

行政赔偿请求人是指其合法权益因行政机关及其工作人员违法执行职务而受损害，有权请求国家予以赔偿的公民、法人或其他组织。

行政赔偿中有权提出赔偿请求的人有以下几种：一是受到行政侵权的公民、法人或其他组织；二是受害人死亡，其继承人和其他有抚养关系的亲属也可以成为赔偿请求人；受害人的法人或其他组织终止，承受其权利的法人或者其他组织有权请求赔偿。

行政赔偿义务机关是指代表国家具体履行赔偿义务的组织，包括以下几类：

（1）行政机关及其工作人员实施的具体行政行为侵犯公民、法人或者其他组织的合法权益并造成损害的，该行政机关为赔偿义务机关。

（2）两个以上行政机关共同实施违法行为侵犯公民、法人或者其他组织合法权益造成损害的，分属于两个以上行政机关的工作人员共同行使职权侵犯他人权益的，该两个以上行政机关为共同赔偿义务机关。

（3）法律、行政法规授权的组织侵犯公民、法人或者其他组织合法权益的，被授权的组织为赔偿义务机关。

（4）由行政机关委托的组织或个人侵犯公民、法人或者其他组织合法权益并造成损害的，委托的行政机关为赔偿义务机关。

（5）行政机关实施侵权行为给他人造成损害后被撤销的，继续行使职权的行政机关为赔偿义务机关；如果没有继续行使其职权的行政机关，撤销该赔偿义务机关的行政机关为赔偿义务机关。

（6）经行政复议的案件，由最初作出具体行政行为的行政机关为赔偿义务机关；但是，行政复议机关的复议决定加重损害的，复议机关对加重的部分履行赔偿义务。

【案例1-1】 该行政处罚决定合法吗？

【案情简介】 某年6月，某县农村服务公司根据当地旱情严重，农民抗旱急需柴油的情况，从外地共购进柴油180t，至同年10月，这批柴油已售出80%。10月26日，该县标准计量局派人对农村服务公司进行计量检查，发现该公司的计量器不符合法定标准，属不合格计量器。于是对农村服务公司作出处罚决定：①没收不合格计量器具；②没收非法所得4.3万元；③罚款2000元。同年10月，县工商局接到举报，反映农村服务公司出售的柴油斤两不够，工商局经过调查、取证，证实该公司计量器具不合格，遂于11月2日对农村服务公司作出罚款2000元的行政处罚。农村服务公司不服，向人民法院提起行政诉讼。请问：县工商局做出的行政处罚决定合法吗？为什么？

【案情分析】 县工商局作出的行政处罚决定不合法。因为《行政处罚法》第二十四条规定：对当事人的同一个违法行为，不得给予两次以上罚款的行政处罚。本案中的农村服务公司只有一个违法行为。该县标准计量局已经对其作出处罚，因此，县工商局不能再对农村服务公司作出行政处罚。

【案例1-2】 龙泉乡人民政府委托龙泉乡派出所（系县公安局在龙泉乡设立的派出机构）对缴纳“上缴”任务确有困难的贫困户王某施行行政拘留。拘留期间，王某于夜间翻墙逃离，被值班人员谭某发现，谭某速喊人开车追赶王某，谭某与同事李某、吴某在路上拦截王某，欲将王某抓回，王某反抗，吴某将王某抱住后，谭某气急，狠踢王某要害，致其死亡。王某之妻早死，有一母亲85岁，眼瞎耳聋，有一子，患痴呆症，对王某的拘留决定后被县公安局确认违法。

（1）本案赔偿义务机关应当是谁？为什么？

（2）本案的行政赔偿请求人是谁？

（3）赔偿义务机关可否追偿？如果可以，应当向谁追偿？为什么？

【案情分析】

（1）赔偿义务机关应当是龙泉乡人民政府；因为，本案中拘留王某的行政处罚实质上是由乡政府作出的，派出所是受委托实施的，受委托的组织在行使委托的行政职权时侵犯相对方合法权益造成损害的，委托的行政机关为行政赔偿义务机关。

（2）本案的行政赔偿请求人为王某之母及其子，为共同的行政赔偿请求人。

（3）赔偿义务机关可以追偿；应当向谭某追偿，因谭某在行使职权过程中，对王某死亡之损害有重大过失。

【案例1-3】 2013年8月25日，年届花甲的章某到上海南郊某大型超市购物。他在选购了部分商品后，往出口处走去。超市保安发现其所携带的物品还未付账，便将其当贼带至超市保安部听候处理。按照超市规定：章某被处以所携物品10倍的罚款。最后章某向超市支付了1300元才得以脱身。超市收钱后也没有出示相关的收款凭证。第三天，章某再次来到超市，要求出具罚款凭证。超市只给了一张内容为"按特定价格购买商品赔偿"的收据。章某认为超市保安乘机以自己未付款为由，威胁并责令其交出1300元的行为已经非法侵占了自己的财产权利，也严重损伤了一个年近花甲的老人的自尊，更使自己精神受到伤害。章某便于2015年8月22日，将超市起诉至上海市闵行区法院，提出要求返还1300元，并赔偿精神伤害费10000元和差旅费127元的诉讼请求。

【案情分析】 在超市或书店，经常见到"偷一罚十"的警示。但根据法律规定：只有具有一定职权的行政主体才能实施行政处罚。这意味着商家的做法没有任何依据，其所作出的处罚缺乏法律的授权。

（1）根据行政行为的成立要件，在本案中（也可以将其扩展至人们的日常生活中），商家首先不是行政主体，不享有进行处罚的行政权（主体不合法）。

（2）商家的"偷一罚十"的规定不具有法律效力，商家不是有权作出处罚规定的机关，其规定只能看作是民间的惯例，而不能依据这一店规对他人进行处罚。即便是小偷偷东西，商家也不能以非法手段对待他，只能遵循法定的程序将其送到公安机关接受处理，以提请民事诉讼的方式要求赔偿。

（3）审理结果：上海市闵行区法院认为，没有相应执法权的超市擅自作出的收取原告1300元的行为没有法律依据，所收钱应予返还。产生的差旅费也应当认定为章某的损失，由超市承担。但是精神赔偿，因没有证据证明在未付款纠纷处理过程中其人身权、健康权受到侵害，也无证据证明超市有对其进行威胁和强迫的事实，法院不予支持。

【案例1-4】 郭甲是运煤司机，一日运煤经过309国道某交通检查站时，执勤人员宋丙（身着交通警察制服，佩戴执勤袖章）向郭甲走过来，递给了郭甲一张处罚决定书，说："交20元钱再走。"郭甲接过处罚决定书，见上面印的全部内容是：根据有关规定罚款20元。决定书印着某省某市交通大队的印章。郭甲对宋丙说："为什么要罚我？"宋丙说："你超载。"郭甲辩称："我只拉半车煤，怎么就超载？"宋丙不耐烦地说："让你交你就交，啰嗦什么。"郭甲说："不说清楚，我就不交。"这时，宋丙又递过一张处罚决定书，并说："就你这态度，再罚20元。"郭甲怕争辩不下，又要罚款，只好交了40元钱离去，宋丙未出具收据。

问：本案中的行政处罚行为哪些地方违反《行政处罚法》的规定？

本案中交通检查站执勤人员宋丙对司机郭甲所实施的罚款的行政处罚违反了《行政处罚法》的规定，具体体现在以下几个方面：

（1）罚款决定没有事实根据。行政处罚总的原则是"先取证，后裁决"。行政机关实施行政处罚，是以当事人确实存在违法行为为前提的，违法行为的构成又以存在违法事实为条件。因此，作出行政处罚，必须首先查明当事人是否有违法事实。《行政处罚法》第三十条明确规定，对于违反行政管理秩序的行为，依法应当给予行政处罚，行政机关必须查明事实；违法事实不清的，不得给予行政处罚。本案中宋丙对郭甲所实施的罚款行为，没有对事实进行查实，是在没有事实依据的情况下作出的处罚。

(2) 未向当事人郭甲说明理由和告知权利，直接给予处罚。《行政处罚法》第三十一条规定，行政机关在作出行政处罚决定之前，应当告知当事人作出处罚决定的事实、理由及依据，并告知当事人依法所享有的权利。本案中宋丙未对郭甲说明任何事项，就直接交付了罚款决定书。

(3) 不听取郭甲的陈述和申辩。根据《行政处罚法》第六条和第三十二条的规定，当事人有权进行陈述和申辩。行政机关必须充分听取当事人的意见，对当事人提出的事实、理由和证据，应当进行复核；当事人提出的事实、理由或者证据成立的，行政机关应当采纳；行政机关不得因为当事人申辩而加重处罚。本案中宋丙不仅不听取郭甲的申辩，反而因郭甲的申辩对其加罚 20 元。

(4) 处罚决定书的内容不符合《行政处罚法》的规定。《行政处罚法》第三十四条第二款对当场处罚的处罚决定书应载明的事项作了具体规定，当场处罚的行政处罚决定书应当载明当事人的违法行为、行政处罚依据、罚款数额、时间、地点以及行政机关名称，并由执法人员签名或者盖章。本案是适用简易程序，即当场处罚程序进行的罚款，其处罚决定书只有罚款数额和行政机关印章两项，其他事项没有载明；决定书中“根据有关规定”字样不能作为处罚依据，处罚依据应当明确具体，写明根据哪部法律、法规的哪一条款。

(5) 实施处罚没有告知当事人复议与诉讼的权利。对行政处罚不服，当事人有权申请复议或者起诉。在处罚过程中，执法人员应告知当事人申请复议和起诉的权利，以及申请复议或者提起诉讼的期限。《行政处罚法》第三十九条规定，行政处罚决定书中应载明不服行政处罚决定，申请复议或者提起行政诉讼的途径和期限。本案中行政处罚决定书中没有载明此项内容，宋丙也未口头告知郭甲。

(6) 当场收缴罚款未向当事人郭甲出具收据。《行政处罚法》第四十九条规定，行政机关及其执法人员当场收缴罚款的，必须向当事人出具省、自治区、直辖市财政部门统一制发的罚款收据；不出具财政部门统一制发的罚款收据的，当事人有权拒绝缴纳罚款。本案中宋丙收缴了郭甲当场缴纳的 40 元罚款后，未向郭甲出具省级财政部门统一制发的收据。

第二章　水行政法律制度

第一节　水　法　概　述

一、水法的概念及主要内容

（一）水法的概念

水法是由国家制订或认可，并由国家强制力保证执行的、调整水资源开发、利用和保护过程中所产生的水事法律关系的法律规范的总称。水法是调整水事法律关系的法律，《水法》第二条规定了水法的调整对象："在中华人民共和国领域内开发、利用、节约、保护、管理水资源，防治水害，适用本法"。

可以从三个方面来理解水法的概念：

首先，水法是基于水这一自然资源及其开发、利用、节约、保护而产生的。众所周知，水是一种重要的自然资源，由于水资源在人类生活和社会生产中所起的不可替代的重要作用，同其他许多自然资源一样，必须给予特别重视并加以严格管理和保护。

其次，水法所调整的水事关系产生于人们的水事活动中。既然水资源是人类所必需的重要资源，且由于水在其循环过程中又时常给人类带来灾害，故而便产生了人们防治水害和开发、利用、管理和保护水资源等活动，这便是水事活动。为了调整和规范人们的水事活动，最有效的办法就是立法，即通过水事立法把所有的水事活动都置于法律的监督、指导和约束下，这样便产生了水法。同时，水法所调整的水事关系是一种法律关系，具体来说，就是规定水事活动中各方主体之间权利和义务的法律关系。

最后，水法是各类水事法律规范的总称。这是指水法的具体表现形式是多样的，既有国家立法机关制定的法律，也有行政机关制定的行政法规，还有地方立法部门和行政部门制定的地方性法规和规章。

水法有广义和狭义之分。广义的水法是指调整水事关系的各类法律、法规、规章的总称。狭义的水法则仅指《水法》。

（二）水法的基本特征

从整个法律体系来看，水法属于基本法律以外的特别法，但从水法体系来看，2002年10月1日重大修改后实施的《水法》是水法体系中的核心法。从广义的水法体系考察，水法具有如下特征：

（1）水法是水事综合法。现有水法学著作大都把水法作为行政法的一个分支，从而把水法学看成行政法学的一个分支来研究。更规范的认定应为横跨经济法、行政法、环境法、民法、刑法等部门法的水事综合法。

（2）没有一部系统、完整、统一的水事法典。水法是由各类水事法律、水行政法规、部门规章、地方性水法规和规章等组成的综合性水法体系，用以调整人们在水资源的开发、利用、节约和保护，防治水害等水事活动所产生的各种水事法律关系，各类法律形式之间既有明显的层级性，又相互关联，力图将各种水事活动及关系纳入法律调整的轨道。

(3) 从内容上看，水法所包含和涉及的内容十分广泛。水法作为综合性的法律体系，不仅表现在其法律具体形式的多样性，而且还表现在内容的广泛性上。就我国水法的具体内容而言，它既包括水资源的开发利用、节约保护、水土保持、防汛抗旱，又包括水资源的开发利用、水利经营管理；既包括水行政立法、水行政执法，也包括水行政司法，还包括水行政法制监督与救济；既包括国内水事法，也包括涉外水事法。水法内容的广泛性，使得各种水事活动均被纳入水法的有效调整范围之中，真正体现出有法可依。

(4) 从时间效力上看，水法富于变动性。作为上层建筑的法，总是随着经济基础的变化而变化。在各类法中，行政法的变动尤为显著，这是因为国家行政机关的行政活动和行为必须为适应社会实际和客观需要经常作出调整和变化。水法具备行政法的某些特征，同样必须适应水事活动的实践需要及时作出调整，适时进行立、改、废。从1988年我国第一部《水法》颁布以来，为适应社会发展需要，国家立法机构和各级水行政机关制定、颁布、修改的各类水事法律、法规、规章已逾900件；2002年10月，经过全面修改的新《水法》正式施行。

(三)《水法》的主要内容

《水法》的内容分为七个部分和附则。

1. 总则部分

《水法》总则部分主要规范了以下内容：《水法》的立法目的、立法依据和适用范围；我国水资源国家所有的原则，开发利用水资源的总原则以及水资源的基本管理制度；水资源的管理体制等。

2. 水资源规划

《水法》第二章主要规定了水资源规划的分类、不同类别的水资源规划的相互关系以及不同区域水资源规划编制的部门、职责和程序等。

3. 水资源开发利用

《水法》第三章主要是关于水资源开发利用的内容，涉及水资源开发利用的原则、各项水资源开发利用的项目及各项目在开发利用时相互兼顾的原则，开发利用水资源过程中的工程建设问题等。

4. 水资源、水域和水工程的保护

水资源、水域和水工程的保护为《水法》第四章的内容，规定了水资源的主管部门、水质净化、防止水污染和防止水源枯竭、保护水环境以及水功能区划分、地下水的保护、江河湖泊等水域的保护、水工程及其设施的保护等。

5. 水资源配置和节约使用

在《水法》中，水资源的配置和节约使用，规定了不同级别水资源规划的制定机关、制定程序和原则，规定了水量分配方案的制订程序，规定了取水许可制度和水资源的有偿使用、节水措施和水费的缴纳等。

6. 水事纠纷处理和执法监督检查

《水法》中系统规定了水事纠纷的调解、处理办法和程序，水利执法人员在执法时的

责任，职权和原则等。

7. 法律责任

法律责任在《水法》中涉及内容较多，规定了违反《水法》应受到的处罚；根据不同的违法行为，规定了详细的处罚方式和罚款额度，并规定了对严重违法者应受治安管理处罚和刑事处罚。

第二节 水行政法律关系

一、水行政法律关系的概念和特征

水法调整的水事关系具体表现为一种法律关系，即水事活动主体之间的权利和义务关系。对水行政法律关系的把握，是全面理解水法的关键。

由于水法性质的特殊性，水事法律关系并不是一种单一的法律关系，它实际上是由两大类法律关系所组成：水行政法律关系和水民事法律关系，我们也可以把这种关系理解为水环境法律关系。

水行政法律关系是水事法律关系中占主导地位的法律关系，它指的是水法作为行政法的分支，对水行政主管部门行使行政职权过程中所产生的各种社会关系进行调整所形成的法律上的权利义务关系。它具体又包括水行政管理法律关系和水行政监督法律关系。水行政管理法律关系是指水行政主管部门行使职权进行水行政管理活动，与被管理者的公民、法人和其他组织之间所形成的关系，其主体分别是水行政主管部门（即水行政主体）和水行政相对人。

水行政监督法律关系是指作为被监督对象的水行政主管部门及其国家工作人员（主要是公务员）因行使水行政职权而接受法律监督，与作为监督者的国家权力机关、司法机关、专门行政监督机关、公民和社会组织等所形成的关系。

水民事法律关系指的是水法在调整作为平等主体的公民、法人之间在水事活动中所形成的法律上的权利义务关系。公民之间、公民与法人之间以及法人之间，因水事活动产生的水事纠纷属民事纠纷，应通过民事协商调解或民事诉讼的方式解决，这点在水法中作了明确规定。

二、水行政法律关系三要素

（一）水行政法律关系的主体

水行政法律关系的主体又称水行政法律关系的当事人，是该法律关系的参与者，是水事法律中权利的享有者和义务的承担者。它包括水行政主体和行政相对人一方，也包括利害关系人。在水行政法律关系中，水行政管理机关是必不可少的最重要的主体，它具体包括流域管理机构和水行政主管部门两类，它们亦被统一称作水行政主体。水事法律关系涉及的范围和群体非常广泛，无论是公民、企事业单位、农村集体经济组织、社会团体、国家机关都可能成为水行政法律关系的主体。

（二）水行政法律关系的客体

水行政法律关系的客体即水行政法律关系中双方权利和义务共同指向的对象。一般来说，水行政法律关系的客体通常包括物、行为和智力成果。

物，是指现实存在的人们可能控制、支配的一切自然物，如水流、森林、矿藏和人们劳动创造的各种具体之物。水事法律关系中的物主要指水资源、水域、水工程以及其他与水有关的物，如水中的矿藏、砂石、水利物资等。

行为，包括作为与不作为，是指水事法律关系中人的有目的、有意识的活动。水事行为指的是水事法律关系的主体因一定的目的而积极主动实施的行为，如防汛抢险、河道清障、取水等。正当的水事行为包括水行政主管部门的合法行政行为和水行政相对人的合法行为；不正当的水事行为则包括水行政主管部门的违法行政行为和水行政相对人的违法行为。不作为的水事行为指的是水事法律关系的主体不履行法律义务的消极漠然的行为，包括水行政主管部门的不作为和水行政相对人的不作为，前者如水行政主管部门无正当理由的不审批、不许可、不征收、不纠正等，后者如水行政相对人的不遵守、不执行等。

智力成果，是人类脑力劳动的成果，属精神财富，在水事法律关系中主要指在水事活动中存在或产生的与人身有关的科研成果、发明创造、技术资料等。这里所说的存在，是指既已存在的并在特定的水事活动中发挥作用的智力成果。如水资源开发利用规划、水文地质资料等。

（三）水行政法律关系的内容

水行政法律关系的内容，是指水行政法律关系主体依法享有的权利和承担的义务。在水行政法律关系中权利主要表现为享有权利的一方有权作一定的行为或要求对方作或不作一定的行为；义务主要表现为负有义务的一方应当承担的某种责任。尽管在水行政法律关系中当事人之间是一种不对等的关系，但这并不意味着水行政机关只是权利主体，而水行政相对人只是义务主体，同样，水行政机关必须承担义务，而水行政相对人也享有权利。明确这一点，对于防止水行政机关滥用权力，保护水行政相对人的合法权益具有特别重要的意义。

第三节　水行政管理

一、水行政管理概述

（一）水行政管理的概念

水行政管理就是政府及其水行政主管部门对水事活动实施的行政管理。水行政管理是以防治水害，合理开发利用和有效保护水资源，充分发挥水资源的综合效益，以适应国民经济发展和人民生活需要为宗旨，由各级人民政府及其水行政主管部门依法对全社会各项水事活动实施的组织、指导、协调和监督。

其特点体现在水行政管理具有一般行政管理的共性。但是，由于水资源有其特殊性，所以水行政管理具有自身的特殊性。水行政管理工作必须要在大量的、全面的、扎实的、长期的水文勘验工作的基础上进行复杂的水文计算、水资源评价，才能大体上掌握客观的

水文规律。这种特性决定了水行政管理必须尊重客观规律，做好艰苦细致的工作。

（二）水行政管理的分类

广义的水政即为水的行政管理，也就是水行政管理的简称。狭义的水政包括水行政立法、水行政执法、水行政司法和水行政保障四个方面。从政府施政角度看，其内容包括：制定和完善水利政策和法规，管理和监督检查全社会的水事活动，协调各种水事关系，调解或协助调解各类水事纠纷，查处水事违法案件，受理水行政复议和培训水行政执法队伍等。按法的遵守和法的适用划分，水政工作是法的适用，运用法律直接影响相对人的权利和义务，规范水事秩序，处理水事事务，查处水事违法案件。

二、水事行政行为概述

（一）水事行政行为的概念

水事行政行为，一般是指国家行政机关在其职权范围内，对其外部行使公共权力并产生法律效果的行为。其特点有以下三点：

（1）水事行政行为是水行政主体所作出的行为。这是水事行政行为的主体要素。水事行政行为只能由水行政主体作出，至于是水行政主体直接作出，还是水行政主体通过公务员或其他工作人员或依法委托其他社会组织作出，均不影响水事行政行为的性质。

（2）水事行政行为是水行政主体行使水行政职权、履行水行政职责的行为。水事行政行为的职权、职责要素。水行政主体的任务不是为了从事民事活动或别的活动，而是为了实现国家水行政管理的职能才从事一定的活动。

（3）水事行政行为是具有法律意义的行为。水事行政行为作为法律概念的法律要素。可以说，水事行政行为的法律要素，在于强调水行政主体要为自己的行为承担法律责任，至于这种行为是否合法，则不影响水事行政行为的存在。

水事行政行为一经作出，就被推定为合法有效。因为水事行政行为是代表国家维护社会公共利益的，如果被拖延履行就可能损害他人或公共利益，使水行政管理的连续性受到影响造成不必要的损失。

（二）水事行政行为的主要内容

1. 水事行政行为成立的共同要件

（1）行为的主体合法。

（2）行为必须在水行政机关的权限内，越权无效。

（3）行为内容合法，即内容要有可能、明确、符合公共利益和法律规定。

（4）行为符合法定程序。

（5）行为符合法定形式。

2. 水事行政行为的效力

水事行政行为只有具有了以上条件才有效力。水事行政行为的效力有以下几种：

（1）确定力。指水事行政行为有效成立后，非依法律规定不得随意变更和撤销，即不可变更力。

（2）拘束力。指水事行政行为的内容对水行政相关人员的约束效力，包括对水行政机关自身的拘束力和水行政相对人的拘束力。

（3）执行力。指水事行政行为成立后，水行政机关依法采取一定手段，使水行政行为的内容得以完全实现的效力，又称为实现力。

3. 对于水事行政行为的处理

（1）水事行政行为因为水行政越权、水行政侵权、滥用权力或不合法定程序而予以撤销。

（2）已经发生效力的水事行政行为，如果发现其不当或根据实际情况的变化，改变其行为的内容或使行为部分地失去效力并作出新的规定，称为水事行政行为的变更。

（3）水事行政行为由于不适应新的情况，并非违法或不当，由相关水行政机关宣布废止。

（4）水事行政行为或者因为制定新法规而使具体行为失去效力，或者所针对的对象不复存在而消失，或者水行政相对人因设定的义务充分履行完毕而消灭。

4. 水事行政行为的主要内容

（1）赋予权益或科以义务。赋予一定的权益，具体表现为赋予行为对象人一种法律上的权能、权利和利益，包括水行政法上的权益，也包括民法上的权益。所谓权能，是指能够从事某种活动或行为的一种资格。科以一定的义务，是指水行政主体通过水行政行为命令行为对象人为一定的行为或不为一定的行为。

（2）剥夺权益或免除义务。剥夺权益是指取消某种法律地位，以解除已经存在的法律关系。免除义务，是指水事行政行为内容表现为对行为对象人原来所负有义务的解除，不再要求其履行义务。

（3）变更法律地位。这是水事行政行为对行为对象人原来存在的法律地位予以改变。

（4）确认法律事实与法律地位。这是水行政主体通过水事行政行为对某种法律关系有重大影响的事实是否存在，依法加以确认的方式。确认法律地位，是指水行政主体通过水行政行为对某种法律关系是否存在及存在范围的认定。确认法律事实与确认法律地位既有联系也有区别。

上述各项内容并非互相排斥，有时可能同时具有几项或产生多种效果。

（三）水事行政行为的主要分类

水事行政行为种类繁多，内容庞杂。对水事行政行为的分类可以更深入地理解、把握水事行政行为的特点，可以从多种角度对不同水事行政行为的内容、行为产生的结果以及它所遵循的行为规则进行分析。

（1）水事行政行为以其适用与效力作用的对象的范围为标准，可分为内部水事行政行为与外部水事行政行为。所谓内部水事行政行为，是指水行政主体在内部水行政组织管理过程中所作的只对水行政组织内部产生法律效力的水事行政行为。而外部水事行政行为，是指水行政主体在对社会实施水行政管理活动过程中针对公民、法人或其他组织所作出的水事行政行为，如水行政许可行为、水行政处罚行为等。

（2）水事行政行为以其对象是否特定为标准可分为抽象水事行政行为与具体水事行政行为。所谓抽象水事行政行为，是指以不特定的人和事为管理对象，制定具有普遍约束力的规范性文件的行为：一类是水行政立法行为；另一类是制定不具有法源性的规范文件的行为。具体水事行政行为，是针对特定的水事管理、水行政管理相对人的特定事项作出的

行为。

（3）水事行政行为以受法律规范拘束的程度为标准，可分为羁束水事行政行为和自由裁量水事行政行为。羁束水事行政行为，指法律规范对其范围、条件、标准、形式、程序等作了较详细、具体、明确规定的水事行政行为。自由裁量水事行政行为，是指法律规范仅对行为目的、行为范围等作一原则性规定，而将行为的具体条件、标准、幅度、方式等留给水行政机关自行选择、决定的水事行政行为。

（4）以水行政机关是否可以主动作出水事行政行为为标准，水事行政行为可分为依职权的水事行政行为和依申请的水事行政行为。对依职权的水事行政行为，由于是针对水行政机关已作出的行为，因此相对方提起的必是违法撤销之诉，法院审查判断的标准应是该行为是否违法，证据是否确凿，程序是否合法等。对于合法的水事行政行为，应维持判决，对于违法的水事行政行为，应作出撤销判决。

（5）根据水行政机关与水行政相对人之间的关系结构可以把水事行政行为分为水行政立法行为、水行政司法行为、水行政执法行为。

三、水行政执法措施概述

水行政执法是指各级水行政主管部门依照水法规的规定，在社会水事管理活动中对水行政管理相对人采取的直接影响其权利义务，或者对其权利的行使或义务履行情况进行直接监督检查的具体行政行为。水行政执法包括七类具体水事法律行为：水行政许可、水行政征收、水行政确认、水行政指导、水行政处罚、水行政强制以及水行政命令等。

1．水行政许可

水行政许可，是指水行政许可实施机关根据公民、法人或者其他组织的申请，经依法审查，准予其从事特定水事活动的行为。水行政许可实施机关，是指县级以上人民政府水行政主管部门、法律法规授权的流域管理机构或者其他行使水行政许可权的组织。水行政许可实施机关的内设机构不得以自己的名义实施水行政许可。

2．水行政征收

水行政征收，是指水行政主体根据国家和社会公共利益的需要，依法向个人和组织强制地征集一定数额金钱的行政行为。目前，国家还没有开征水事方面的税收，水行政征收主要表现形式是水行政收费。如征收水资源费、河道建设维护费、收取河道采砂管理费、水文专业有偿服务费等。

3．水行政确认

水行政确认，指行政机关依法对相对方的法律权利义务关系或法律事实进行甄别，给予确定、认证、证明的行政执法行为。

水行政许可与水行政确认的区别：行为性质不同，对象不同，法律效果不同。行政许可多属于可裁量行为，行为的对象是使相对方获得进行某种行为的权利或资格，其法律效果只有后及性，没有溯及性；水行政确认多属于羁束行为，行为的对象是对与相对方有关的法律权利义务关系或法律事实进行确认，其法律效果不仅具有后及性，而且具有溯及性。

4. 水行政指导

水行政指导是指为实现复杂多变的社会发展与经济生活的需要，基于国家水事法律原则的规定，在水行政相对方的协助下，水行政主管部门在其职责范围内适时地采用非强制手段，以有效地实现水资源的开发利用和保护，并不直接产生法律后果的一种水行政行为。

5. 水行政处罚

水行政处罚指行政机关在其职权范围内依照法定程序对违反有关行政法律规范的行政相对人采取的制裁性活动。它包括简易程序和一般程序。

6. 水行政强制

水行政强制是水行政强制措施和水行政强制执行的总称。

水行政强制措施是指水行政机关为制止、预防水事违法或者在紧急情况下对水行政相对人财产和行为自由依法加以暂时性限制，使其保持一定状态的各种方式和手段。

水行政强制执行是指有关国家机关对不履行水行政机关依法作出的水行政处理决定中规定的义务，采取强制手段，强迫其履行义务，或达到与履行义务相同状态的行为。

7. 水行政命令

水行政命令，是指水行政主管部门及其工作人员依法强制要求相对人为一定行为或不为一定行为的行政行为，是水行政机关在国家水行政管理活动中最常用的一种方法。

第四节　水事管理法律法规

水法规按照制定机关和效力等级，分为水法律（全国人大常委会制定）、水行政法规（国务院制定）、部门水行政规章（水利部及水利部与国务院有关部门联合制定）、地方性水法规（省、自治区、直辖市以及省级人民政府所在地的市、经国务院批准的较大市的人大及其常委会制定）和政府水行政规章（省、自治区、直辖市以及省级人民政府所在地的市、经国务院批准的较大市的人民政府制定）五大类。这些法律法规涵盖面广，使国家治水的方针政策和思路法定化，使各项水事活动有法可依。水法规体系主要包括以下三个方面。

1. 防汛抗洪

防汛抗洪主要包括《中华人民共和国防洪法》《中华人民共和国防汛条例》《防洪预案编制要点（试行）》《蓄滞洪区安全与建设指导纲要》《蓄滞洪区运用补偿暂行办法》等，还包括地方制定的涉及防汛抗洪的地方性法规、规章。

2. 水域和水工程保护

水域和水工程保护主要包括《中华人民共和国河道管理条例》《河道管理范围内建设项目管理有关规定》《河道采砂收费管理办法》《水库大坝安全管理条例》《城市供水条例》《生活饮用水卫生监督管理办法》《流域水管理条例》等。

3. 水资源管理

水资源管理主要包括《取水许可和水资源费征收管理条例》、《国务院关于实行最严格水资源管理制度的意见》（国发〔2012〕3 号）以及《取水许可管理办法》《取水许可和水

资源管理办法》《中华人民共和国水污染防治法》《水资源费征收管理办法》等。地方制定的有关水资源管理方面的地方性法规和政府规章，如《四川省水资源管理条例》《四川省节约用水办法》等。

4. 水土保持

水土保持主要包括《中华人民共和国水土保持法》《中华人民共和国水土保持法实施条例》，以及地方制定的有关水土保持方面的地方性法规和政府规章。

5. 水利经济

水利经济主要包括国家及各地方制定的有关水利经济、水利产业和水利经营方面的规章、规范性文件等。如《水利国有资产监督管理暂行办法》《水利建设资金筹集和使用管理暂行办法》《水利工程建设项目招标投标管理规定》等。

6. 执法监督管理

执法监督主要包括《水行政处罚实施办法》《中华人民共和国行政处罚法》等。

【案例 2－1】 电站非法取水案例分析

【案情简介】 某电站建于20世纪70年代，装机12kW，1981年投产运行，运行到1992年，后因多种原因未发电运行，也无人管理。2002年，村民黄某和杜某与镇政府达成协议，承包该电站30年，租用渠道、大坝、机房、管道、变压器，产权归该镇水管站管理。黄某与杜某共同投资约20万元，用于购买发电机、水轮机等及整修渠道、机房，装机扩建为125kW。2003年7月25日，县水利局对该电站业主杜某、黄某下达“办理取水许可证的通知”，但迟迟未来办理取水许可证。

2004年9月9日，水政监察大队通知黄某、杜某就该电站非法取水进行询问调查时，两位业主充分认识到错误，表示马上办理取水许可证及其他有关手续，缴纳运行期间水资源费。同年9月13日，杜某、黄某缴纳了该电站所欠水资源费，积极配合办理取水许可证。鉴于其积极表现，县水利局决定不予追究其行政处罚。

【案情分析】

通过此案的调查处理，办案人员深受教育，感受较深。

第一，该案事实清楚，证据充分。杜某、黄某未经水行政主管部门同意擅自扩建改造该电站，发电两年多既不办理取水许可证，也不缴水资源费，严重地影响了水资源的管理和规费征收。

第二，处理程序恰当。从立案、调查取证到案件分析，以及通知杜某、黄某到水政监察大队宣布我们的处理决定，到杜某、黄某承认错误要求宽大处理，并交齐所欠的水资源费。整个过程严格按照法律法规执行。

第三，重在教育，区别对待。本案从开始就下了决心要按照新水法处理到位。立案之前，全体水政监察人员认真地学习了有关法律法规，咨询法律顾问，为走法律程序做好充分准备。案件处理过程中，杜某、黄某态度较好，及时缴纳了所欠的水资源费，办理了取水许可证；加之黄某读高中的女儿出车祸，伤势较重，他们诚恳地要求不罚款。在这种情况下，经局领导研究决定，同意不给予罚款，我们认为处理是恰当的，体现了重在教育、区别对待、实事求是的精神，通过执法教育了该电站的业主，对全县私营企业电站老板起到了不可低估的警示作用。

第四，通过此案的调查处理，执法人员受到了锻炼。该电站一年的水资源费不足2000元，去该电站路途遥远、山高坡陡、交通不方便，去一趟要几天时间，花这么大精力值不值？大家认为值！一是谁违背了水法、不依法行为，坚决不能手软，路途再远、再险、再累，执法一定要到位；二是水资源费不管有多少，都要征收到位，这是法律赋予我们的职责。

《中华人民共和国水法》第四十八条规定："直接从江河、湖泊或者地下取用水资源的单位和个人，应当按照国家取水许可制度和水资源有偿使用制度的规定，向水行政主管部门或者流域管理机构申请领取取水许可证，并缴纳水资源费，取得取水权。"《取水许可制度实施办法》第二条规定："本办法所称取水，是指利用水工程或者机械提水设施直接从江河、湖泊或者地下取水。一切取水单位和个人，都应当依照本办法申请取水许可证，并依照规定取水。所称水工程包括闸（不含船闸）、坝、跨河流的引水式水电站、渠道、人工河流、虹吸管等取水、引水工程。"

【案例 2－2】 村民河床违章建房被依法强行拆除案——水行政强制

【案情简介】 事情发生在2002年1月14日上午，某农场副场长周某来到县水利局，反映该县村民刘某从1999年8月开始，在该村喇叭河南岸的河坡及河床上，擅自填土扛宅基。次年1月，刘某未经批准，在新扛的宅基地上，建成砖瓦结构平房三间共计95m²。同年秋天，再次擅自建筑砖瓦结构平房两间共计25m²。

接到举报后，县水利局立即派员到实地勘察现场，经过立案、调查取证，确认农场周某反映情况属实。依据《××省水利工程管理条例》有关条款规定，村民刘某建房系违章建设。因此，县水利局于2002年2月16日对刘某作出"限期自行拆除违章建筑，并恢复排水河道原状"的处罚决定，同时送达"水行政处罚决定书"。刘某以"所建住房地址是经镇政府和土管部门共同确定为新增居民点，且建房前已办理建房手续，并取得合法土地使用权和房屋所有权"为由，不服县水利局的处罚决定，遂依法向市水利局申请行政复议。市水利局接受复议后，作出维持原处罚的决定。刘某仍不服，向县人民法院提出"不服县水利局作出的处罚决定，请求人民法院予以撤销，以及案件的诉讼费由被告县水利局承担"的行政诉讼。同年6月11日，县人民法院经过公开庭审后，认为被告作出的行政处罚认定事实清楚、适用法律准确、程序合法，依法作出了维持被告对原告的行政处罚的决定。

法院判决后，刘某拒不执行。县水利局依据《行政诉讼法》第六十五条的规定，依法向县人民法院申请强制执行。2003年4月16日，县人民法院对刘某的违章建筑依法进行强制拆除；县水利局派员对擅自占用河道的刘某是否依照法院判决恢复工程原状、清理屋基土方进行了验收。至此，历时近两年的违章建房案终于尘埃落定。

【案情分析】 本水事违法案例具有以下特点：

（1）案件的典型性。据统计，非法占用河道类案件在各类水事违法案件中占很大的比重，实践中发案频率较高，对河道行洪安全影响较大。同时，非法占用河道的事实一旦形成，处置起来有一定难度。

（2）程序的多样性。本案历经行政处罚、行政复议、行政诉讼和司法强制执行等多种法律程序。从村民刘某的角度看，用尽了法律救济的所有手段；从县水利局的角度看，体

现了依法行政、执法必严、违法必究的基本要求，展现了水行政执法的各个环节；从市水利局和县人民法院的角度看，分别表明了行政机关之间的层级监督和对行政权的司法监督。

(3) 关系的复杂性。本案涉及河道管理、土地管理、建设管理等多项行政管理以及之间的分工、配合和制约，法律关系比较复杂，对当事各方的权利和义务需要进行梳理和分析。

启示一：非法占用河道理应受到法律追究。

河道是水流的通道，河道的畅通对于维护堤防安全和保持河势稳定具有十分重要的作用。为此，《水法》《防洪法》《河道管理条例》等法律法规确立了河道管理制度，区别不同情况对在河道管理范围内从事某些有可能影响防洪的活动进行禁止或者限制。其中，在河道管理范围内弃置、堆放阻碍行洪的物体，种植阻碍行洪的林木及高秆作物，建设妨碍行洪的建筑物等属于应当禁止的活动，在任何情况下都不得进行；在河道管理范围内建设桥梁、码头等工程设施属于应当限制的活动，在经过科学论证和依法向水行政主管部门履行批准手续，确认不妨碍行洪的条件下，可以按要求进行。本案中刘某在河道管理范围内建房是属于应当依法向水行政主管部门履行批准手续的事项，但他在未经水行政主管部门批准的情况下就擅自建房，属于明显的违法行为，应当承担相应的法律责任。

启示二：在河道管理范围内建设项目须先经水行政主管部门审批。

在河道管理范围内从事建设活动，通常需要分别到水行政主管部门办理河道管理范围内建设项目审批手续，向建设行政主管部门办理规划许可手续，向国土行政主管部门办理用地审批手续。根据上述三种法律手续的作用与功能分析，河道管理范围内建设项目审批应当属于规划许可和用地审批的前置性审批。换句话说，只有先取得河道管理范围内建设项目的审批手续，才能进一步办理规划许可和用地审批手续。另一方面，如果没有取得河道管理范围内建设项目的审批手续，即便办理了规划许可和用地审批手续，仍然属于违法建设。因此，建设部门和国土部门在分别办理规划许可和用地审批手续时，应当把申请人是否取得河道管理范围内建设项目审批手续作为审查内容之一。

启示三：完善巡查制度，将违法行为制止于萌芽状态。

查处水事违法案件的前提是发现案件。目前，案件的来源主要是三个方面：群众举报、自行发现和其他部门移交。其中，自行发现是一个非常重要的途径。因此，建立规范的水行政执法巡查制度，积极主动地发现和处置水事违法案件，有助于建立打击水事违法行为的长效机制，落实行政执法责任制，提高行政执法能力，维护良好的水事秩序，同时有利于把水事违法行为制止于萌芽状态。水行政执法队伍因履行巡查职责不力，未能及时发现并制止水事违法行为的，要根据情况承担相应的行政责任。

第三章 水事法律制度

第一节 水资源管理

水资源管理在《中国大百科全书》(大气、海洋、水文卷)中的定义是:“水资源管理是水资源开发利用的组织、协调、监督和调度。组织是指运用行政、法律、经济、技术和教育等手段,组织各种社会力量开发利用水资源和防治水害;协调是指协调社会经济发展与水资源开发利用之间的关系,处理各地区、各部门之间的用水矛盾;监督是指监督、限制不合理的开发水资源和危害水源的行为;调度是指制定供水系统和水库工程优化调度方案,科学地分配水量”。

一、我国水资源概述

(一)我国的水资源总量

我国多年平均年水资源总量为2.81万亿m^3,仅次于巴西、加拿大、俄罗斯、美国和印度尼西亚,居世界第六位。但由于中国人口众多,人均水资源占有量低。目前人均占有水资源量仅为世界平均值的1/4,排名百位之后,被列为世界人均水资源贫乏的几个国家之一,是一个干旱缺水严重的国家。到2030年我国人口增至16亿时,人均多年平均水资源量将降到1760m^3,接近世界公认的最低居民用水标准警戒线1700m^3/人。

(二)我国的水资源特点

(1)我国的水资源总体偏少。在全球范围内,中国用全球7%的水资源养活了占全球21%的人口。

(2)我国水资源时空分布不均,且水土资源组合不相匹配。从地域上,南方水多,北方水少,南北方水资源分布比例分别为81%、19%,而耕地面积南北方的比例为36%和64%。因此,水与人口、耕地、矿产和经济的分布不相匹配。从时间上看,我国降水主要集中在夏季,尤其是北方地区更为明显,占62%,南方地区占41%。

(3)资源性缺水及水质性缺水并重。我国每年污水排放量是2000亿t,造成90%流经城市的河道受到污染,75%的湖泊富营养化,并且日益严重。因此在南方地区普遍存在资源性缺水和水质性缺水的状况。

(4)地下水过度取用,造成水源枯竭和地面沉降等现象。水资源利用面临若干问题:水资源利用效率低,供需矛盾尖锐,水源污染严重,洪灾、旱灾频繁,过度开发地下水造成环境与生态系统退化。

二、水资源管理的重要性

水资源对一个国家和地区的生存和发展有着极为重要的作用。加强对水资源的管理,应从以下几层观念建立全面的认识。

1. 水的资源观念

水与地下的矿藏和地上的森林一样，同属国家有限的宝贵资源。水资源虽是可以再生的，但从我国幅员和人口来看，我国是水资源短缺的国家，人均占有量仅是世界人均水资源占有量的1/4。我国华北、西北地区严重缺水，人均占有量仅分别为世界人均水资源占有量的1/10和1/20。长期以来，人们的习惯思想认为：我国有长江、黄河等大江大河，水是取之不尽、用之不竭的。这些不科学的糊涂观点导致人们用水无计划，把本来应该珍惜的有限水资源随便滥用，浪费很大。过去常说"水利是农业的命脉"，这已远远不够，根据现代国民经济发展的实践，可以认为"水是整个国民经济的命脉"。对这样有限的宝贵资源，我们必须加以精心管理和保护。

2. 水的系统观念

水资源整个系统应包括天然降水形成的地表水和入渗所形成的地下水，天然河流、湖泊和人工水库所流动和蓄存的水，这是人类可以调节利用的水量，以供给农业、工业和居民生活使用，必须加强保护。工业、居民生活排放的废水、污水含有有害物质，应严格控制流入供水水域；应严格控制超量开采地下水，不应以短期行为或用以邻为壑的办法取水、排水，而必须从水的系统观念来保证水量和水质。

3. 水的经济观念

由于社会和经济的不断发展，对水的需求量不断增加，用传统的简单方法从天然状况取水已不可能。采用现代的工程措施修建水库、引水渠道以及抽水站、自来水厂等，都需投入大量的活劳动和物化劳动，这样使水就具有了商品属性。取水用水就要交纳水资源费和水费，但长期以来无偿或低价供水，水的价格与价值长期背离，水利工程管理单位的水费收入不能维持其运行维修和更新改造，导致工程效益衰减，缺乏必要的资金来源，导致工程老化失修，以致不能抗御意外灾害。这种状况的改变迫在眉睫。

4. 水的法制观

为了合理开发利用和有效保护水资源，兴修水利，防治水害，以充分发挥水资源的综合效益，适应国民经济发展和人民生活需要，必须制定水的法律和各种规章制度，由政府颁布并严格执行，才能达到上述各种目的。《水法》的颁布施行，使我国在开发、利用、保护和管理水资源的实施方面有了法律依据。

三、我国的水资源管理制度

1. 实施最严格水资源管理制度的目的和意义

针对我国人多水少、水资源时空分布不均的基本国情和水情，以及我国水资源短缺、水污染严重、水生态环境恶化等日益突出的问题，2011年，中共中央、国务院在《关于加快水利改革发展的决定》（中发〔2011〕1号）中明确提出，在我国将实行最严格水资源管理制度。其目的是：深入贯彻落实科学发展观，以水资源配置、节约和保护为重点，强化用水需求和用水过程管理，通过健全制度、落实责任、提高能力、强化监管，严格控制用水总量，全面提高用水效率，严格控制入河湖排污总量，加快节水型社会建设，促进水资源可持续利用和经济发展方式转变，推动经济社会发展与水资源水环境承载能力相协调，保障经济社会长期平稳较快发展。

2. 实施最严格水资源管理制度的基本原则

坚持以人为本，着力解决人民群众最关心最直接最现实的水资源问题，保障饮水安全、供水安全和生态安全；坚持人水和谐，尊重自然规律和经济社会发展规律，处理好水资源开发与保护关系，以水定需、量水而行、因水制宜；坚持统筹兼顾，协调好生活、生产和生态用水，协调好上下游、左右岸、干支流、地表水和地下水关系；坚持改革创新，完善水资源管理体制和机制，改进管理方式和方法；坚持因地制宜，实行分类指导，注重制度实施的可行性和有效性。

四、水资源管理内容

国家对水资源进行的所有权管理有三种管理形态，即动态管理、权属管理和监督管理。

水资源的动态管理是指国家运用水文测验、水文调查、水文地质勘察等科学方法和手段，对地表水、地下水进行调查、统计、分析和评价，从而掌握水资源的储量、质量和分布位置，为开发利用水资源和防治水害活动提供宏观调控的依据，以保证水资源处于良性循环状态。

水资源的权属管理是指以水资源属于国家所有为依据，水行政主管部门作为水资源的产权代表，运用法律、行政、经济等手段，对水资源行使占有、调配、收益、处分之权。如制定开发利用规划、水中长期供求计划、水量分配方案，实施取水许可制度和征收水资源费等均属于权属管理的范畴。权属管理的目的在于优化水资源配置，发挥水资源的整体效益，促进我国国民经济和社会的发展。

水资源的监督管理是指水行政主管部门作为水资源所有权的代表者，通过监测、调查、评价、水平衡测试等手段，监督各部门开发利用水资源的活动，以保证这些活动的合法、合理以及水资源管理措施的正确执行。

从水资源的各种管理活动中得出，水资源管理是涉及自然和社会的一项综合性管理。因此，需要采取多种方法相互配合才能实现保障社会安定、促进经济发展、改善自然环境的三大基本目标。一个国家水资源权属管理的执行状况、深度和广度以及实际效果标志着这个国家的水资源管理水平。

五、水资源的管理体制

《水法》第十二条规定：“国家对水资源实行流域管理与行政区域管理相结合的管理体制。国务院水行政主管部门负责全国水资源的统一管理和监督工作。县级以上地方人民政府水行政主管部门按照规定的权限，负责本行政区域内水资源的统一管理和监督工作。”

对水资源实施统一管理的主要原因如下：

一是水资源自身特性所决定的。因为水资源是以流域作为基本的自然单元，地表水、地下水都处在流动状态并相互转化，上下游、干支流结为整体。上游截水、阻水，下游就会水资源不足，甚至河床、湖泊干涸；地下水严重超采，就会形成“漏斗”，造成地面沉降；城镇水井打多了，打深了，附近农村用水就受影响。可见，无论是地表水还是地下水的开发利用，都宜按流域统筹规划，而不宜按地区分割，更不能按城市、乡村来分割。因

此，必须强调按流域或区域管理。

二是合理开发利用和保护水资源的需要。由于水的多功能特性，我国过去的水管理呈分散状态。工业、农业、水利、渔业、矿业、建筑业、港务和水运业、城市供水业、水力发电业等部门都担负一定的开发水利、防治水害的产业管理任务。但是，随着社会需水量的增长和水资源的日益紧张，人们在实践中逐渐认识到，水资源管理应是人类社会及其政府对水资源进行动态管理、权属管理和监督管理，必须由一个部门代表国家将水资源统一管起来，以便有效地保护水资源，实现合理开发利用和调度分配，避免对水资源进行掠夺式的开发，使有限的水资源永续利用。国务院及各级地方人民政府均已确定水利部门为同级政府的水行政主管部门。

三是为了满足各地、各部门用水的需要。水利是国民经济的基础设施，水资源的短缺制约着各地各部门的发展步伐。国民经济各部门对水资源有着共同的需求。但是，由于各部门开发利用水资源的目的、方法、效益、利益各不相同，往往发生从自身出发而产生矛盾的情况。因此，对各方面的用水需求必须统筹兼顾，合理分配。

四是防治水害的需要。水具有利害双重性，它既是宝贵的自然资源，又是造成洪涝的灾害源。当然，洪水作为水资源的组成部分有潜在的利用价值，但事实上现在只能利用一小部分，主要还是作为水害来考虑。鉴于此，在开发利用水资源时要坚持兴利与除害通盘考虑，兴利必须服从防洪安全要求。

五是维护正常水事秩序的需要。由于水资源用途广泛，又存在多元开发的格局，因而往往涉及不同地区、不同部门、不同单位的利益，并由此产生一系列的水事矛盾和水事纠纷。加上水利设施长年暴露在野外，面广量大，易受不法分子破坏、侵占、偷盗。对此，必须实行水资源的统一管理，明确水行政主管部门的法定职责。

六、水资源开发利用

《水法》规定，开发、利用、节约、保护水资源和防治水害，应当按照流域、区域统一制定规划。规划分为流域规划和区域规划。流域规划包括流域综合规划和流域专业规划；区域规划包括区域综合规划和区域专业规划。流域范围内的区域规划应当服从流域规划，专业规划应当服从综合规划。水资源开发利用必须进行统一规划，经批准的规划是水资源开发利用活动的基本依据。

综合规划是指根据经济社会发展需要和水资源开发利用现状编制的开发、利用、节约、保护水资源和防治水害的总体部署。综合规划一般应包括：基本情况概述，水资源的近、中、长期供需平衡分析，规划目标和原则，各地区、各部门对开发利用的要求和必须达到的标准，水资源开发利用和水害防治工作布局及规模，开发程序安排，对水资源的保护措施，经济效益分析及社会效益和环境效益的综合评价等。

专业规划是指防洪、治涝、灌溉、航运、供水、水力发电、竹木流放、渔业、水资源保护、水土保持、防沙治沙、节约用水等规划。专业规划是一个流域或区域范围内水事活动的各个参与部门为达到不同的管水、用水和保水目的而制定的单项规划。专业规划应当按照统一规划的要求，服从于综合规划，在综合规划的基础上编制和实施以保持与综合规划的协调一致。

流域规划是以江河的干流、支流以及湖泊等水域的流域为基本单元的水资源开发利用和水害防治规划。

区域规划是以某一特定的行政区域、经济开发区或地上的自然单元为基本单元的水资源开发利用和水害防治规划。

七、水资源论证与取水许可制度概述

建设项目水资源论证与取水许可是国家对水资源实施统一管理的一项重要制度，是调控水资源供求关系的基本手段。这一法律制度的实施对于加强水资源统一管理、合理开发利用和保护水资源、促进计划用水和节约用水具有重要意义。2006 年 2 月 21 日，国务院依据《水法》颁布了《取水许可和水资源费征收管理条例》，对取水许可和水资源费征收的适用范围、主要原则、管理权限、审批时限、监督管理、法律责任等作出了具体规定，从建设项目水资源论证、取水许可审批发证、取水许可监督管理以及水资源费征收管理等四个方面构建了取水许可法律制度。从水资源管理到用水管理，从水的宏观管理到水的微观管理，可以把水的管理分为四个层次：第一层次是解决水的社会总供给与社会总需求的关系；第二层次是做好径流调蓄计划和水量分配方案；第三层次是开展建设项目水资源论证和实施取水许可制度，它处于宏观管理和微观管理之间的中间管理层次；第四层次是实行计划用水，厉行节约用水。对建设项目实行水资源论证的目的是保障建设项目的合理用水需求，同时也是实施取水许可的前置条件和技术依据。建设项目水资源论证和取水许可可以将有限的水资源宏观调度和分配落实到各个取水单位。通过取水许可制度国家可以将全社会的取水、用水切实地控制起来，是实行合理用水、计划用水和节约用水的有效手段。取水许可证的发放可以合理调整各地区、各部门和各单位的用水权益，使用水单位的合法权益得到法律的充分保障。因此，取水许可制度是水管理的核心。

八、水资源费征收制度

征收水资源费是《水法》按照自然资源有偿使用原则设立的与取水许可制度相对应，针对取用水资源行为收取的一项行政性收费。它对于缓解不断加剧的用水矛盾，加强水资源管理和保护，促进水资源的节约与合理开发利用具有重要的意义。

《水法》第四十八条规定：“直接从江河、湖泊或者地下取用水资源的单位和个人，应当按照国家取水许可制度和水资源有偿使用制度的规定，向水行政主管部门或者流域管理机构申请领取取水许可证，并缴纳水资源费。”征收水资源费是由水资源的稀缺性和水资源的国家所有权决定的，其主要宗旨是利用经济杠杆来保证节约用水、遏止用水浪费的现象，同时也是对水行政主管部门开展水资源管理基础工作经费不足的一种弥补。

九、水资源管理相关法律责任

1. 不按规定取用水资源的法律责任

（1）未经批准擅自取水或未依照批准的取水许可规定条件取水的，由县级以上人民政府水行政主管部门或者流域管理机构依据职权责令停止违法行为，限期采取补救措施并处 2 万元以上 10 万元以下的罚款；情节严重的，吊销其取水许可证；给他人造成妨碍或者损

失的，应当排除妨碍、赔偿损失。

（2）未取得取水申请批准文件擅自建设取水工程或者设施的，责令停止违法行为，限期补办有关手续；逾期不补办或者补办未被批准的，责令限期拆除或者封闭其取水工程或者设施；逾期不拆除或者不封闭其取水工程或者设施的，由县级以上地方人民政府水行政主管部门或者流域管理机构组织拆除或者封闭，所需费用由违法行为人承担，可以处5万元以下罚款。

（3）申请人隐瞒有关情况或者提供虚假材料骗取取水申请批准文件或者取水许可证的，取水申请批准文件或者取水许可证无效，对申请人给予警告，责令其限期补缴应当缴纳的水资源费，处2万元以上10万元以下罚款；构成犯罪的，依法追究刑事责任。

（4）拒不执行审批机关作出的取水量限制决定，或者未经批准擅自转让取水权的，责令停止违法行为，限期改正，处2万元以上10万元以下罚款；逾期拒不改正或者情节严重的，吊销取水许可证。

（5）不按照规定报送年度取水情况、拒绝接受监督检查或者弄虚作假、退水水质达不到规定要求的，由县级以上水行政主管部门责令停止违法行为，限期改正，处5000元以上2万元以下罚款；情节严重的，吊销取水许可证。

2. 未安装计量设施或运行不正常的法律责任

（1）未安装计量设施的，责令限期安装，并按照日最大取水能力计算的取水量和水资源费征收标准计征水资源费，处5000元以上2万元以下罚款；情节严重的，吊销取水许可证。

（2）计量设施不合格或者运行不正常的，责令限期更换或者修复；逾期不更换或者不修复的，按照日最大取水能力计算的取水量和水资源费征收标准计征水资源费，可以处1万元以下罚款；情节严重的，吊销取水许可证。

（3）擅自拆除、更换取水计量设施的，由县级以上水行政主管部门责令限期安装或者修复，并按工程设计取水能力或者设备铭牌功率满负荷连续运行的取水能力确定取水量征收水资源费，并可处1000元以上1万元以下罚款；逾期拒不安装或者不修复的，吊销其取水许可证。

3. 不按规定缴纳水资源费的法律责任

拒不缴纳、拖延缴纳或者拖欠水资源费的，由县级以上人民政府水行政主管部门依据职权，责令限期缴纳；逾期不缴纳的，从滞纳之日起按日加收滞纳部分2‰的滞纳金，并处应缴或者补缴水资源费1倍以上5倍以下的罚款。

4. 未尽法定节水义务的法律责任

（1）建设项目的节水设施没有建成或者没有达到国家规定的要求，擅自投入使用的，由县级以上人民政府有关部门依据职权，责令停止使用，限期改正，处5万元以上10万元以下的罚款。

（2）生产、销售或者在生产经营中使用国家明令淘汰的落后、耗水量高的工艺、设备和产品的，由县级以上地方人民政府经济综合主管部门责令停止生产、销售或者使用，处2万元以上10万元以下的罚款。

5. 不按规定设置排污口的法律责任

（1）在饮用水水源保护区内设置排污口的，由县级以上地方人民政府责令限期拆除、恢复原状；逾期不拆除、不恢复原状的，强行拆除、恢复原状，并处 5 万元以上 10 万元以下的罚款。

（2）未经水行政主管部门审查同意，擅自在江河、湖泊新建、改建或者扩大排污口的，由县级以上人民政府水行政主管部门依据职权，责令停止违法行为，限期恢复原状，处 5 万元以上 10 万元以下的罚款。

6. 行政机关及其工作人员的法律责任

对符合法定条件的取水申请不予受理或者不在法定期限内批准，对不符合法定条件的申请人签发取水申请批准文件或者发放取水许可证，违反审批权限签发取水申请批准文件或者发放取水许可证，对未取得取水申请批准文件的建设项目擅自审批、核准、不按照规定征收水资源费或者对不符合缓缴条件而批准缓缴水资源费，侵占、截留、挪用水资源费，不履行监督职责，发现违法行为不予查处，其他滥用职权、玩忽职守、徇私舞弊的行为的，由其上级行政机关或者监察机关责令改正；情节严重的，对直接负责的主管人员和其他直接责任人员依法给予行政处分；构成犯罪的，依法追究刑事责任。

第二节 水利工程建设与管理

水工程在《水法》中的法律解释是指在江河、湖泊和地下水源上开发、利用、控制、调配和保护水资源的各类工程。可见，水工程具有防洪、排涝、供水、灌溉、水力发电等功能，是经济社会可持续发展的重要基础设施。

一、水利工程建设管理法律制度

（一）水利工程建设基本程序

水利工程需经得起洪涝、台风、暴潮等自然灾害的侵袭和考验，事关人民群众生命财产安全和经济社会的可持续发展。为保证水利工程建设质量，必须有一套严格的建设程序。所谓水利工程基本建设程序，是指水利工程建设项目从投资意向和投资机会选择、项目决策、设计、施工到项目竣工验收投入生产运行阶段的整个过程。

水利工程项目，包括由国家投资、中央和地方合资、企事业单位独资和合资、利用外资以及其他方式，兴建的防洪、除涝、灌溉、水力发电、供水、围垦等大中型新建、续建、改建、加固、修复等工程建设项目，其建设程序根据水利部 1998 年 1 月印发的《水利工程建设程序管理条例暂行规定》（水建〔1998〕16 号）的规定，一般分为项目建议书、可行性研究报告、初步设计、施工图设计、施工准备（包括招标设计）、建设实施、生产或运行准备、竣工验收及资料归档、后评价等阶段。

1. 项目建议书

编制项目建议书是建设项目基础性工作的开始，它是根据国民经济和社会发展长远规划、流域综合规划、区域综合规划、专业规划以及国家产业政策与有关投资建设方针，一般由政府及其有关部门、项目业主委托有相应资格的设计单位依照或参照水利部颁发的

《水利水电工程项目建议书编制暂行规定》编制，并按国家规定的权限向主管部门申报审批的水利基本建设的第一个程序。其主要任务是对项目的建设条件进行调查和必要的勘测工作。并对资金筹措进行分析，择优选定建设项目和项目的建设规模、地点和建设时间，论证工程项目建设的必要性，初步分析项目建设的可行性和合理性。

2. 可行性研究报告

可行性研究报告是在项目建议书之后，更加细化、深化的技术论证工作，即就技术上是否可行和经济上是否合理进行多方案的科学分析和论证。其编制工作由项目法人（或筹备机构）按照《水利水电工程可行性研究报告编制规划》进行。

申报可行性研究报告必须同时提出项目法人组建方案及运行机制、资金筹备方案、资金结构及回收资金的办法，并依照有关规定附具有管辖权的水行政主管部门或流域管理机构签署的规划同意书和对取水许可申请的书面审查意见。

由于可行性研究报告涉及很多技术问题，因此，审批部门需要委托有相应资格的工程咨询机构对可行性研究报告进行评估，并综合行业归口主管部门、投资机构（公司）、项目法人（或项目法人筹备机构）等方面的意见后审批。项目可行性研究报告批准后，不可随意修改或变更，在主要内容上有重要变动，应经原批准机关复审同意。经过批准的可行性研究报告是项目决策和进行初步设计的依据。

3. 初步设计

初步设计是根据批准的可行性研究报告，对设计对象进行整体研究，以阐明拟建工程在技术上的可行性和经济上的合理性，并确定项目的各项基本技术参数和编制项目的总概算。其编制工作应选择有项目相应资格的设计单位按照《水利水电工程初步设计报告编制规程》进行。

初步设计文件报批前，一般须由项目法人委托有相应资格的工程咨询机构或组织行业各方面（包括管理、设计、施工、咨询等方面）的专家，对初步设计的重大问题进行咨询论证。设计单位根据咨询论证意见，对初步设计文件进行补充、修改、优化。初步设计由项目法人组织审查后，按国家现行规定权限向主管部门申报审批。初步设计文件经批准后，主要内容不得随意修改、变更，并作为项目建设实施的技术文件基础。如有需要修改、变更，须经原审批机关复审同意。

4. 施工图设计

施工图设计是继初步设计审批之后，由设计单位出具的供施工单位施工的设计图纸及相关文件，主要包括总体全面性图纸、建筑物分部性图纸、有关重要结构的局部性图纸等。为了确保工程勘测设计的质量，根据国家建设工程勘察设计管理有关规定，水利工程施工图设计文件应当由项目业主报县级以上人民政府水行政主管部门审查，即由水行政主管部门组织有关专家，根据国家法律、法规、技术标准与规范，以及经批准的初步设计文件，对施工图设计文件中涉及公众安全、公共利益的内容以及工程建设强制性标准、规范的执行情况进行审查。施工图设计文件未经审查批准，施工单位不得实施。施工图一经审查批准，不得擅自变更。

5. 施工准备

在施工准备阶段，项目法人或其代理机构须按照《水利工程建设项目管理规定（试行)》(水利部水建〔1995〕128号)中“管理体制和职责”明确的分级管理权限，向水行政主管部门办理报建手续，并交验工程建设项目的有关批准文件。同时，在具备初步设计已批准、项目法人已经建立、项目已经列入国家或地方水利建设投资计划、筹资方案已经确定、有关土地使用权已经批准的条件下，方可组织施工准备工作，其主要内容包括：①施工现场的征地、拆迁；②完成施工用水、电、通信、路和场地平整等工程；③必需的生产、生活临时建设工程；④组织招标设计、咨询、设备和物资采购服务；⑤组织建设监理和主体工程招标投标，并择优选定建设监理单位和施工承包队伍。

6. 建设实施

建设实施阶段主要是主体工程的建设实施，即项目法人按照批准的建设文件组织工程建设，以保证项目建设目标的实现。在进入建设实施阶段前，项目法人或其代理机构必须按审批权限，向主管部门提出主体工程开工申请报告，经批准后方能正式开工。

主体工程的开工必须具备《水利工程建设项目管理规定(试行)》中明确的条件：①前期工程各阶段文件已按规定批准，施工详图设计可以满足初期主体工程施工的需要；②建设项目已列入国家或地方水利建设投资年度计划，年度建设资金已落实；③主体工程招标已经决标，工程承包合同已经签订，并得到主管部门同意；④现场施工准备和征地移民等建设外部条件能够满足主体工程开工需要。

7. 生产或运行准备

生产或运行准备阶段是建设阶段转入生产经营或运行的必要条件，是项目投产前所要进行的一项重要工作。它要求项目法人按照建管结合和项目法人责任制的要求，根据不同类型的工程做好有关生产准备工作，主要包括生活组织准备、招收和培训人员、生产技术准备、生产物资准备、正常生活福利设施准备等。

8. 竣工验收

竣工验收是工程完成建设目标的标志，是全面考核基本建设成果、检验设计和工程质量的基本的重要程序。根据水利部《水利工程建设项目验收管理规定》(水利部令第30号)的规定，水利工程建筑项目验收按验收主持单位性质不同分为法人验收和政府验收，法人验收由项目法人组织，其验收组成员由项目法人、设计、监理、施工单位代表组成，必要时可邀请工程运行管理等参建单位以外的代表及专家参加。政府验收是指由有关人民政府、水行政主管部门运行管理或者其他部门组织进行的验收，包括阶段验收、专项验收和竣工验收。水利部对政府验收的主持单位有严格的规定。

工程通过竣工验收，验收遗留问题处理完毕和尾工完成并通过验收的，竣工验收主持单位向项目法人颁发水利部统一制定的工程竣工验收证书。工程部分投入使用验收或者竣工验收通过后项目法人应当与工程运行管理单位办理移交手续。工程移交后，项目法人及其他参建单位应当按照法律法规的规定和合同约定，承担后续的相关质量责任。项目法人已经撤销的，由撤销该项目法人的部门承担项目法人的相关责任。

9. 项目后评价

水利建设项目竣工投入运行后，一般经过1～2年后，进行一次系统的项目后评价。这是因为水利工程项目大多为隐蔽性工程，有的工程竣工时，实际还处于不稳定状态，在短时间内，有的隐蔽不易发现，有的效益也难以评价。后评价主要包括三方面的评价：

①影响评价，项目投入运行后对各方面的影响进行评价；②经济效益评价，对项目投资、国民经济效益、财务效益、技术进步和规模效益、可行性研究深度等进行评价；③过程评价，对项目的立项、设计、施工、建设管理、竣工投产、生产运行等全过程进行评价。

项目后评价工作必须遵循客观、公正、科学的原则。做到分析合理、评价公正，达到肯定成绩、总结经验、研究问题、吸取教训、提出建议、改进工作，不断提高项目决策水平和投资效果的目的。

项目后评价按评价主体一般可分三个层次，即项目法人的自我评价、项目行业的评价、立项部门（或主要投资方）的评价。

（二）建设项目法人制

建设项目法人制是指由项目法人对项目的策划、资金筹措、建设实施、生产经营、债务偿还和资产的保值增值实行全过程负责的一种管理模式。

1. 项目法人组建

项目主管部门应在可行性研究报告批复后、施工准备工作开工前完成项目法人的组建。

组建项目法人要按照项目的管理权限报上级主管部门批复和备案：中央项目由水利部（或流域管理机构）负责组建项目法人（即项目责任主体），任命法人代表的报水利部备案；地方项目由县级以上地方人民政府或其委托的同级水行政主管部门负责组建项目法人，并报上级人民政府或其委托的水行政主管部门审批，其中总投资在2亿元以上的地方大型水利工程项目由项目所在地的省、自治区、直辖市及计划单列市人民政府或其委托的水行政主管部门负责组建项目法人，任命法人代表。

新建项目一般应按建管一体的原则组建项目法人；除险加固、续建配套、改建扩建等建设项目，原管理单位基本具备项目法人条件的，原则上由原管理单位作为项目法人或一起为基础组建项目法人；一级、二级堤防工程的项目法人可承担多个子项目的建设管理，项目法人的组建应报项目所在流域的流域管理机构备案。

2. 项目法人的职责

项目法人是项目建设的责任主体，对项目建设的工程质量、工程进度、资金管理和生产安全负总责，并对项目主管部门负责。

项目法人在建设阶段的主要职责是：①组织初步设计文件的编制、审核、申报等工作；②按照基本建设程序和批准的建设规模、内容、标准组织工程建设；③根据工程建设需要，组建现场管理机构并负责任免其主要行政及技术、财务负责人；负责办理工程质量监督、工程报建和主体工程开工报告；④负责与项目所在地地方人民政府及有关部门协调解决好工程建设外部条件；⑤依法对工程项目的勘察、设计、监理、施工和材料及设备等组织招标，并签订有关合同；⑥组织编制、审核、上报项目年度建设计划，落实年度工程建设资金，严格按照概算控制工程投资；⑦负责监督检查现场管理机构建设管理情况，包括工程投资、工期、质量、生产安全和工程建设责任制情况等；⑧负责组织制定、上报在建工程度汛计划和相应的安全度汛措施，并对在建工程安全度汛负责；⑨负责组织编制竣工决算，按照有关验收规程组织或参与验收工作，工程档案资料的管理等。

（三）招标投标制

实行工程项目招标投标制度，可以建立公开、公正、公平的竞争机制，保护国家利益、社会公共利益和招标投标活动当事人的合法权益，保证工程质量，减少腐败产生。为了规范招标投标活动，2000年1月1日施行的《中华人民共和国招标投标法》（简称《招标投标法》）使招标投标活动有了明确的法律规范。水利部于2001年10月29日发布了《水利工程建设项目招标投标管理规定》（水利部令第14号），对水利工程建设项目招标投标提出了具体要求。

工程招标是指建设单位或者总承包单位根据拟建工程项目内容、要求（如工期、质量、价格）等，通过发布招标公告或者向一定数量的特定勘察、设计、施工承担商发出招标邀请等方式招引或邀请承包商，利用报价手段从中择优选择承包商的行为。

工程投标是指获得投标资格的勘察、设计或施工单位，根据招标文件的要求和自身条件，向招标单位报价，请求承接勘察、设计和施工任务的行为。

1. 基本原则

《招标投标法》第五条规定："招标投标活动应当遵循公开、公平、公正和诚实信用的原则。"公开原则，即实行招标信息、招标条件、招标程序、招标结果公开。公平原则，即所有投标人机会平等，享有同等的权利并履行相应的义务，不得歧视任何一方。公正原则，即按统一标准实事求是地对待所有的投标人和中介机构。诚实信用原则：当事人应以诚实无欺、善意守信的内心态度行使权利、履行义务，以维护双方的利益平衡，以及自身利益与社会利益的平衡，自觉维护市场经济的正常秩序。

2. 招标范围

根据《招标投标法》《水利工程建设项目招标投标管理规定》及《工程建设项目招标投标范围和规模标准规定》，属于下列工程建设项目并达到规模标准之一的，包括项目的勘察、设计、施工和监理以及与工程建设项目有关的重要设备、材料等的采购，必须进行招标：

(1) 涉及公共安全或资源保护的项目。即关系社会公共利益、公众安全的防洪、灌溉、排洪、水力发电、引（供）水、滩涂治理、水土保持、水资源保护等水利工程建设项目。

(2) 涉及政府及国有投资的项目。即全部或者部分使用国有资金或者国家融资的水利工程建设项目，包括：①使用国有资金项目（如使用各级财政预算资金的项目）；②使用纳入财政管理的各种政府性专项建设基金的项目；③使用国有企业事业单位自有资金，并且国有资产投资者实际拥有控制权的项目；④国家融资项目（如使用国家发行债券所筹资金的项目）；⑤使用国家对外借款或者担保所筹资金的项目；⑥使用国家政策性贷款的项目；⑦国家授权投资主体融资的项目；⑧国家特许的融资项目。

(3) 涉及外国投资的项目。即使用国际组织或者外国政府贷款、援助资金的水利工程建设项目，包括：①使用世界银行、亚洲开发银行等国际组织贷款资金的项目；②使用外国政府及其机构贷款资金的项目和使用国际组织或者外国政府援助资金的项目。

以上三类项目的规模标准如下：①施工单项合同估算价在200万元人民币以上的；②重要设备、材料等货物的采购，单项合同估算价在100万元人民币以上的；③勘察、设

计、监理等服务的采购，单项合同估算价在50万元以上的；④分标单项合同估算价低于①～③项规定的标准，但项目总投资额在3000万元人民币以上的。

达不到以上规模标准的，各省、自治区、直辖市另有规定的从其规定。

3. 不招标范围

《水利工程建设项目招标投标管理规定》第十二条规定，不实行招标的项目包括：①涉及国家安全、国家秘密的项目；②应急防汛、抗旱、抢险、救灾等项目；③项目中经批准使用农民投工、投劳施工的部分（不包括该部分中勘察设计、监理、和重要设备、材料采购）；④不具备招标条件的公益性水利工程建设项目的项目建议书和可行性研究报告；⑤采用特定专利技术或特有技术的项目；⑥其他特殊项目。需要注意的是，即使上述不进行招标的项目，也必须经项目主管部门的批准。

4. 招标投标的方式、程序和要求

（1）招标投标的方式。

招标分为公开招标和邀请招标。公开招标是指招标人以招标公告的方式邀请不特定的法人或者其他组织投标；邀请招标是指招标人以邀请书的方式邀请特定的法人或者其他组织投标。

国家重点水利项目、地方重点水利项目及全部使用国有资金或者国有资金投资占有控股或者主导地位的项目应当采用公开招标。但在某些特定情况下，如由于项目技术复杂或有特殊要求，涉及专利权保护，受自然资源或环境资源限制，新技术或技术规格事先难以确定，应急度汛以及其他特殊项目等，可以采用邀请招标的方式。

（2）招标投标的程序。

招标程序主要包括：①招标前，按项目管理权限向水行政主管部门提交招标报告备案，报告内容包括招标已具备的条件、招标方式、分标方案、招标计划安排、投标人资质（资格）条件、评价方法、评标委员会组建方案以及开标、评标工作的具体安排等；②设立招标组织或者委托招标代理人，编制招标文件；③发布招标公告或者发出投标邀请书、发售资格预审文件；④按规定时间接受并组织审核潜在投标人编制的资格预审文件；⑤向资格预审合格的潜在投标人发售招标文件和有关资料；⑥组织购买招标文件的潜在投标人现场踏勘；⑦接受投标人对招标文件有关问题要求澄清的函件，对问题进行澄清，并书面通知所有潜在投标人；⑧组织成立评标委员会，并在中标结果确定前保密；⑨在规定时间和地点接受符合招标文件要求的投标文件；⑩组织开标评标会；⑪在评标委员会推荐的中标候选人中确定中标人；⑫向水行政主管部门提交招标投标情况的书面总结报告；⑬发中标通知书，并将中标结果通知所有投标人；⑭进行合同谈判，并与中标人订立书面合同等。

投标程序主要包括：①向招标人申报资格审查，提供有关文件资料；②购领招标文件和有关资料；③缴纳投标保证金；④组织投标班子，委托投标代理人；⑤参加现场踏勘；⑥编制、递送投标书；⑦接受评标组织就投标文件中不清楚的问题进行询问；⑧接受中标通知书，提供履约担保，签订合同。

（3）招标活动的注意事项。

公开招标方式的项目，招标人应在项目主管部门指定的媒介发布招标公告；采用邀请招标方式的项目，招标人应当向3个以上有投标资格的法人或其他组织发出投标邀请书，投标人少于3人的，招标人应当重新招标。

评标方法和标准必须在招标文件中公开载明，在评标时不得另行规定或随意更改、补充。招标人在一个项目中，对所有投标人的评标标准和方法必须相同。

评标工作由评标委员会独立完成并负责，评标专家的选择应当采取随机的方式抽取。根据工程特殊专业技术需要，经水行政主管部门批准，招标人可以指定部分评标专家，但不得超过专家人数的1/3。评标委员会成员不得与投标人有利害关系。评标委员会成员的名单应在招标结果确定前保密。

评标委员会要按招标文件公布的方法和标准对投标文件进行评审，推荐的中标候选人应当限定1～3家，并标明排列顺序；项目法人原则上应尊重评标委员会的意见，确定中标单位。

中标人的投标应当最大限度地满足招标文件中的各项综合评价标准和实质性要求，且经评审的投标价格合理最低，不低于成本。

项目法人要将评标报告及中标结果报有关水行政主管部门备案，对于违反国家有关规定的评标方法和标准，以及中标结果，水行政主管部门要追究项目法人代表的责任。

5. 法律责任

《招标投标法》对招标投标当事人及代理机构在招标投标活动中违反该法应承担相应的法律责任作了具体规定。

（四）建设监理制

建设监理是指监理单位受项目法人委托，依据国家有关工程建设的法律、法规及有关技术标准、经批准的项目建设文件、工程建设合同以及工程监理合同，综合运用法律、经济、行政和技术手段，对工程建设的参与者的行为所进行的监督、控制、评价、管理。

实行建设监理制是对我国工程建设领域中项目管理体质的重大改革，它与承包经济责任制、招标投标制、项目法人责任制等相匹配。水利部于2006年12月18日颁布了《水利工程建设监理规定》（水利部令第28号），对水利工程建设强制监理的范围、监理业务的委托与承接、监理业务的实施、监督管理以及处罚原则等方面作了具体规定。

1. 监理范围

《水利工程建设监理规定》第三条规定，总投资200万元以上的以下三类水利工程项目必须实行建设监理：一是关系社会公共利益或公共安全的水利工程建设项目；二是使用国有资金投资或国家融资的水利工程建设项目；三是使用国际组织或者国外政府贷款、援助资金的水利工程建设项目。其他水利工程建设项目可参照该条规定执行。所称水利工程是指防洪、排涝、灌溉、水力发电、引（供）水、滩涂治理、水土保持、水资源保护等各类工程（包括新建、扩建、改建、加固、修复、拆除）及配套和附属工程。

2. 监理单位的资质与业务范围

为加强对水利工程建设监理单位的管理，依法开展监理业务，促进水利工程建设监理工作健康发展，水利部于2006年12月18日颁布了《水利工程建设单位资质管理办法》（水利部令29号），对监理单位的资质审批与管理作了明确的规定。

水利工程建设监理单位是指取得水利工程建设监理资格等级证书，具有法人资格从事

工程建设监理业务的单位。监理单位资质分为水利工程施工监理、水土保持施工监理，机电及金属结构设备制造监理和水利工程建设环境保护监理四个专业。其中，水利工程施工监理和水土保持施工监理专业资质分为甲级、乙级和丙级三个等级，机电及金属结构设备制造监理专业资质分为甲级、乙级两个等级，水利工程建设环境保护监理专业资质暂不分级。不同等级监理单位的业务范围不同。

取得水利工程施工监理专业资质的单位：甲级可以承担各等级水利工程的施工监理业务；乙级可以承担Ⅱ等（堤防为2级）及以下各等级水利工程的施工监理业务；丙级可以承担Ⅲ等（堤防为3级）及以下各等级水利工程的施工监理业务。

取得水土保持工程施工监理资质的单位：甲级可以承担各等级水土保持工程的施工监理业务；乙级可以承担Ⅱ等及以下各等级水土保持工程的施工监理业务；丙级可以承担Ⅲ等水土保持工程的施工监理业务；同时具备水利工程施工监理专业资质和乙级以上水土保持工程施工监理专业资质的，方可承担淤池坝中的骨干坝施工监理业务。

取得机电及金属结构设备制造监理专业资质的单位：甲级可以承担水利工程中的各类型机电及金属结构设备制造监理业务；乙级可以承担水利工程中的中、小型机电及金属结构设备制造监理业务。

取得水利工程建设环境保护监理专业资质的单位：可以承担各类各等级水利工程建设环境保护监理业务。

3. 监理业务的委托与实施

对于依法必须实施建设监理的建设项目，由该项目法人按照《水利工程建设项目招标投标管理规定》等有关规定，择优确定具有相应资质的监理单位，依法签订监理合同，并报项目主管部门备案。

水利工程建设监理实行总监理工程师负责制。监理工程师在总监理工程师授权范围内开展监理工作，具体负责所承担的监理工作并对总监理工程师负责。监理员在监理工程师或总监理工程师授权范围内从事监理辅助工作。

监理工作是一项确保工程建设投资、进度、质量的关键性工作。监理过程一般程序包括：

（1）按照监理合同，选派具有相应监理资格，满足监理工作要求的总监理工程师、监理工程师和监理员组建项目监理机构并进驻现场，总监理工程师应当将项目监理机构人员及其授权范围书面通知被监理单位。

（2）编制监理规划，明确项目监理机构的工作范围，内容，目标和依据，确定具体的监理工作制度、程序、方法和措施，并报项目法人。

（3）按照工程建设进度计划，分专业编制监理实施细则。

（4）按照监理规划和监理实施细则开展监理工作，编制并提出监理报告。

（5）监理业务完成后，按照监理合同向项目法人提交监理工作报告、移交监理档案资料。

项目监理机构在监理过程中，应当严格按照监理合同，组织设计单位等进行现场设计交底，核查并签发施工图。项目监理机构不得修改工程设计文件。

在监理的手段上，项目监理机构应采取旁站、巡视、跟踪检测和平行检测等方式实施

监理。如果发现存在安全事故隐患或其他问题的，应当及时要求被监理单位整改、自纠，情况严重的，应当要求被监理单位暂时停止施工，并及时报告项目法人；被监理单位不整改或者不停止施工的，由监理单位及时向有关主管部门报告。

在监理的内容上，项目监理机构应当协助项目法人编制控制性总进度计划、付款计划，审批被监理单位编制的施工组织设计、进度计划、资金流计划等，督促被监理单位按期实施，并按照合同约定核定工程量，由总监理工程师签发付费凭证；审查被监理单位提出的安全技术措施、专项施工方案和环境保护措施是否符合工程建设强制性要求和环境保护要求，并监督实施。

4. 法律责任

监理工作是一项非常严肃而细致的工作，无论项目法人还是监理单位，如果有违反行为，按照《建设工程质量管理条例》《建设工程安全生产管理条例》《水利工程监理规定》等有关处罚的规定承担相应的法律责任。

（五）工程质量监督

水利工程建设质量直接关系到人民生命财产的安全和投资效益，加强工程质量监督十分必要。

国务院于2000年1月30日颁布《建设工程质量管理条例》（国务院令第279号），水利部于1997年发布了《水利工程质量管理规定》（水利部令第7号）和《水利工程质量监督管理规定》（水建管〔1997〕339号），明确国家对工程质量实行监督管理制度，水利工程按照分级管理的原则由相应水行政主管部门授权的质量监督机构实施质量监督。

1. 工程质量监督的内涵

水利工程质量监督管理是指水行政主管部门及其授权机构依法对建设工程质量进行的监督和管理，与工程监理有着明显的区别。

（1）范畴不同。工程监理是项目法人委托具有法人资格、独立经营的监理机构对建设项目实施全过程的监督，是为项目法人服务的，项目法人对监理单位有选择权，它是履行“契约型”合同的一种社会监督手段；工程质量监督管理是国家管理部门对建设项目的各个环节进行的监督检查，属于行政管理范畴，是政府加强对建设市场综合管理的一种措施，项目法人不能选择质量监督机构，而是完全按照规定的职责权限，由相应的质量监督机构实施监管。

（2）工作方式不同。工程监理一般由项目监理组织现场监督；工程质量监督管理既有平时经常性的巡回监督，又有必要时派出的监督检查组突击抽查。

（3）业务范围不同。工程监理的业务范围是项目法人与施工单位双方签订的合同中规定的有关技术、经济条款，其职权由项目法人与监理单位商定；而工程质量监督管理的职责范围是根据派出部门的授权而定的。

（4）监管重点不同。工程监理的重点是检查施工单位工作质量和工程质量，核实建设进度及资金使用情况，其驻现场的人员不仅要有足够的数量，而且要有工程技术与经济管理工作经验；工程质量监督管理重点是以宏观决策为主，职责主要是协调项目管理、勘察设计、工程施工以及监理单位之间发生的问题，及时向派出的单位提供项目实施中的各类信息。

2. 工程质量监督机构与工作职责

水利工程质量监督机构设总站、中心站、站三级，须经省级以上水行政主管部门资质审查合格，方可承担水利工程的质量监督工作；在管理体制上，隶属于同级水行政主管部门，业务上接受上一级质量监督机构的指导。水利部主管全国水利工程质量监督工作。

根据《水利工程质量监督管理规定》，各级水利工程质量监督机构的职责主要有：①贯彻执行有关工程建设质量管理的方针、政策；②管理辖区内水利工程的质量监督工作，负责监督设计、监理、施工单位在其资质允许范围内从事水利工程建设的质量工作，负责检查和督促建设、监理、设计、施工单位建立质量体系；③监督受监督水利工程质量事故的处理；④参加受监督水利工程的阶段验收和竣工验收；⑤掌握辖区内水利工程质量动态和质量监督工作情况，定期报告；⑥组织质量监督员培训，开展质量检查活动，组织交流工作经验。

3. 水利工程质量监督内容

水利工程建设项目法人应在工程开工前到水利工程质量监督机构办理监督手续，签订“水利工程质量监督书”。质量监督机构根据受监督工程的规模、重要性等，制定质量监督计划。质量监督方式以抽查为主，监督期从工程开工前办理质量监督手续开始，到工程竣工验收合格交付使用止。

监督的主要内容包括：①对监理、勘察设计、施工和有关产品制作单位的资质进行复核；②对建设、监理单位的质量检查体系和施工单位的质量保证体系以及设计单位现场服务等实施监督检查；③对工程项目的单位工程、分部工程、单位工程的划分进行监督检查；④监督检查技术规程、规范和质量标准的执行情况；⑤检查施工单位和建设、监理单位对工程质量检验和质量评定情况；⑥在工程竣工验收前，对工程质量进行等级核定，编制工程质量评定报告，并向工程竣工验收组提出质量等级的建议。

监督的权限包括：①对监理、设计、施工等单位的资质等级、经营范围进行核查，发现越级承包工程等不符合规定要求的，责成建设单位限期改正，并向水行政主管部门报告；②对工程有关部位进行检查，调阅建设、监理单位和施工单位的检测试验结果、检查记录和施工记录；③对违反技术规程、规范、质量标准或设计单位的施工单位，通知建设、监理单位采取纠正措施，问题严重时，可向水行政主管部门提出整顿的建议；④对使用未经检验或检验不合格的建筑材料、构配件及设备等，责成建设单位采取措施纠正。

工程质量检测是工程质量监督和质量检查的重要手段。质量监督机构根据需要，可委托经省级以上质量认证合格的检测单位，对水利工程有关部位以及所采用的建筑材料和工程设备进行抽样检测。

4. 法律责任

《水利工程质量监督管理规定》对质量监督活动中违反有关规定追究的法律责任作了相应的规定。

二、水工程管理与保护法律制度

（一）水工程管理与保护范围

为确保水工程的安全运行，明确管理部门的管辖范围，划分水工程管理范围和保护范围十分必要。

所谓水工程管理范围，是指为了直接维持水工程的安全和正常运行，依照法律规定的水工程周围规划的一定范围，是保障水利工程管理单位对水工程管理和正常运用所必须规定的范围；而水工程保护范围是指为了保证水工程和防洪安全，在水工程管理范围以外划定的一定区域。

根据《确定土地所有权和使用权的若干规定》（国家土地管理局〔1995〕国土〔籍〕字第26号），对于国家所有的水工程，其管理范围和保护范围内的土地属于国家所有，如有未经征用的农民集体土地，仍属于农民集体所有。

《水法》第四十三条规定："国家对水工程实施保护。国家所有的水工程，应当按照国务院的规定划定工程管理和保护范围"，"国务院水行政主管部门或者流域管理机构管理的水工程，由主管部门或者流域管理机构商有关省、自治区、直辖市人民政府划定工程管理的保护范围"，"前款规定以外的水工程，应当依照省、自治区、直辖市人民政府的规定，划定工程保护范围和保护职责"。《水库大坝安全管理条例》第十条规定："兴建大坝时，建设单位应当按照批准的设计，提请县级以上人民政府依照国家规定划定管理和保护范围，树立标志。已建大坝尚未划定管理和保护范围的，大坝主管部门应当根据安全管理的需要，提请县级以上人民政府划定。"

（二）水工程管理与保护法律制度

我国历朝历代都非常重视水工程的管理与保护，唐代的《永徽律》《唐六典》《水部式》及《贞观律》等都有对水工程管理方面的规定，特别是《水部式》是我国古代比较系统的水利工程管理方面的专门法典，其内容包括闸门、堰坝、灌溉渠道等工程的管理。新中国成立以来，我国相继颁布施行了《河道堤防工程管理通则》《水库工程管理条例》《水闸工程管理通则》《水利水电工程管理通则》《水法》《水库大坝安全管理条例》《水利工程管理考核办法（试行）》等法律、行政法规及规范性文件。

《水法》规定：单位和个人有保护水工程的义务，不得侵占、毁坏堤防、护岸、防汛、水文监测、水文地质检测等工程设施；在水工程保护范围内，禁止从事影响水工程运行和危害水工程安全的爆破、打井、采石、取土等活动。

《水库大坝安全管理条例》规定：大坝及其设施受国家保护，任何单位和个人不得侵占、毁坏；禁止在大坝管理和保护范围内进行爆破、打井、采石、取土、采矿、挖砂、修坟等危害大坝安全的活动；非大坝管理人员不得操作大坝的泄洪闸门、输水闸门以及其他设施。大坝管理人员操作时应当遵守有关的规章制度；禁止任何单位和个人干扰大坝的正常管理工作；禁止在大坝的集水区域内进行乱伐林木、陡坡开荒等导致水库淤积的活动；禁止在库区内围垦和进行采土、取土等危及山体的活动；禁止坝体修建码头、渠道，堆放杂物，晾晒粮草；在大坝管理和保护范围内修建码头、鱼塘的，须经大坝主管部门批准，并与坝脚和泄水、输水建筑物保持一定距离，不得影响大坝安全、工程管理和抢险工作。

（三）水库大坝管理

水库大坝是最常见的水工程，为防洪减灾、充分发挥水资源的各种功能，促进经济社会的发展起到了积极的作用。据统计，1954—2001年，全国共有3459座水库发生垮坝事故，其中小型水库多达3434座，加强水库大坝的安全管理事关重大。1991年3月22日

国务院颁布了《水库大坝安全管理条例》(国务院令第77号)，水利部相继制定了《水库大坝安全鉴定方法》(水管〔1995〕86号)、《水库大坝注册登记办法》(水管〔1995〕290号)、《综合利用水库调度通则》(水管〔1993〕61号)等规范性文件，对水库大坝建设、大坝管理、安全鉴定、险坝处理、水库调度等作了明确的规定，为确保水库大坝的安全运行提供了法律依据。

1. 水库大坝管理体制

现行大坝管理大部分由水利部门管理，其他根据投资主体的不同或者发电、供水、旅游等服务功能的不同，分别由能源、建设、旅游等部门管理。此外，农村集体经济组织土地上的小型水库，其大坝一般由农村集体经济组织管理或承包、租赁人员管理。

为确保大坝安全运行，有必要加强水库大坝的统一管理，理顺部门关系，加强协调，明确责任。《水库大坝安全管理条例》规定，"国务院水行政主管部门会同国务院有关主管部门对全国的大坝安全实施监督。县级以上地方人民政府水行政主管部门会同有关主管部门对本行政区域内的大坝安全实施监督。各级水利、能源、建设、交通、农业等有关部门，是其所管辖的大坝的主管部门"，"各级人民政府及其大坝主管部门对其所管辖的大坝的安全实行行政领导负责制"。

2. 水库大坝管理

根据《水库大坝安全管理条例》的规定，大坝主管部门及其管理单位需要配备具有相应业务知识的安全管理人员，建立健全大坝定期安全检查、鉴定制度、大坝按期登记制度等安全管理规章制度。

大坝管理单位及其工作人员要有对人民高度负责的精神，严格按照有关技术标准，对大坝进行安全检测和检查；对检测资料应当及时整理分析，随时掌握大坝运行状况，如发现异常现象和不安全因素，应立即报告大坝主管部门，及时采取措施。大坝的运行必须在保证安全的前提下，发挥综合效益。

大坝管理单位应当根据批准的计划和大坝主管部门的指令进行水库的调度运用；以发电为主的水库，其汛期水位以上的防洪库容及其洪水调度运用，必须服从防汛指挥机构的统一指挥。在汛前、汛后以及暴风、暴雨、特大洪水或者强烈地震发生后，大坝主管部门应当组织对其所管辖的大坝的安全进行检查。大坝出现险情征兆时，大坝管理单位应当立即报告大坝主管部门和上级防汛指挥机构，并采取抢救措施；有垮坝危险时，应当采取一切措施向预计的垮坝淹没地区发出警报，做好人员转移工作。

针对我国数量庞大的小型水库，水利部颁布了《关于加强小型水库安全管理工作意见》，规定了六项措施：①明确安全主体，落实安全责任，小型水库安全责任实行政府行政领导负责制，每座水库都要确定一名相应的政府行政领导为安全责任人；②健全管理机构，落实管理经费；③加大培训，提高管理素质，小型水库管理人员逐步实行持证上岗制度；④加快除险加固；⑤加强安全检查，推进规范管理；⑥积极推行水库降等运行与报废制度。

3. 水库大坝安全鉴定制度与除险加固

大坝安全鉴定就如给大坝做体检，利于及早发现问题，及时整治。大坝建成投入运行后，应在初次蓄水后的2～5年内组织首次安全鉴定。运行期间的大坝，原则上每隔6～10年组织一次安全鉴定，运行中遭受特大洪水、强烈地震、工程发生重大事故或影响安全的异常现象后，应组织专门的安全鉴定。

大坝安全鉴定工作按照《水库大坝安全鉴定办法》执行，通常包括对大坝的实际状况进行安全性的分析评价和现场安全检查，其主要内容包括大坝洪水标准复核、抗震复核、质量分析评价、大坝结构稳定和渗流稳定分析、大坝运行情况分析以及大坝安全综合分析、提出大坝安全论证报告等。

《水库大坝安全管理条例》和《水库大坝安全鉴定办法》规定：大坝主管部门和管理单位应根据安全鉴定结果，采取相应的运行意见和有关措施，对于实际抗衡洪水标准低于水利部颁布的水利枢纽除险加固汛期非常运用洪水标准，或者工程存在较严重的质量问题影响大坝安全，不能正常运行的大坝，应当即时立项，优先安排所需资金和物料，进行除险加固、限期脱险；在险坝加固前，大坝管理单位应当组织有关单位，对险坝可能出现的垮坝方式、淹没范围作出估计，并制定出保坝应急方案，报防汛指挥机构批准；除险加固必须由具有相应资格的单位作出加固设计，经审批后组织实施；险坝加固工程竣工后，由大坝主管部门组织验收。

确因病险严重或功能基本丧失须报废的水库大坝，其主管部门应按《水库大坝注册登记办法》有关规定办理报废手续。

4. 水库大坝注册登记制度

为全面掌握水库大坝的安全状况，加强水库大坝的安全管理和监督，水利部制定了《水库大坝注册登记办法》，实行水库大坝注册登记制度。

该制度规定：县级以上水库大坝主管部门是注册登记的主管部门，水库大坝注册登记实行分部门分级负责制；国务院水行政主管部门负责全国水库大坝注册登记的汇总工作，国务院各大坝主管部门和各省、自治区、直辖市水行政主管部门负责所管辖水库大坝注册登记的汇总工作，并报国务院水行政主管部门备案；已建成的水库大坝应在6个月内申报登记，已注册登记的大坝完成扩建、改造的，或经批准升、降级的，或大坝隶属关系发生变化的，应在此后3个月内向登记机构办理变更事项登记；大坝失事后应立即向主管部门和登记机构报告；经安全鉴定的大坝应在3个月内将安全鉴定情况和安全类别报登记机构；注册登记机构每隔5年应对大坝管理单位的登记事项普遍复查一次；对经批准报废的水库大坝，其管理单位在撤销前，应向注册登记机构申请注销。

5. 法律责任

对违反大坝安全管理的行为，由大坝主管部门责令其停止违法行为，赔偿损失，采取补救措施，可以并处罚款；应当给予治安管理处罚的，由公安机关依照《中华人民共和国治安管理处罚条例》的规定处罚；构成犯罪的，依法追究刑事责任。违反大坝安全管理的行为包括：①毁坏大坝或者其观测、通信、动力、照明、交通、消防等管理设施的；②在大坝管理和保护范围内进行爆破、打井、采石、采矿、取土、挖砂、修坟等危害大坝安全活动的；③擅自操作大坝的泄洪闸门、输水闸门以及其他设施，破坏大坝正常运行的；④在库区内围垦的；⑤在坝体修建码头、渠道或者堆放杂物、晾晒粮草的；⑥擅自在大坝管理和保护范围内修建码头、鱼塘的。

对盗窃或者抢夺大坝工程设施、器材的，依照刑法规定追究刑事责任。

由于勘测设计失误、施工质量低劣、调度运用不当以及无正当理由不按期对水库大坝进行安全鉴定，已建水库大坝不及时申报等滥用职权、玩忽职守行为，导致大坝事故的，由其所在单位或者上级主管部门对负责人员给予行政处分；构成犯罪的，依法追究刑事责任。

发现已登记的大坝有关安全的数据和情况发生变更而未及时申报换证或在具体事项办理中有弄虚作假行为，注册登记机构有权视情节轻重，处以警告、罚款，或报请大坝主管部门给有关人员行政处分。

（四）灌排工程的管理与保护

灌排工程属农田水利工程，是发展农业生产的重要基础设施。我国农田水利建设有其悠久的历史，如引泾水灌溉的郑国渠，宁夏的秦渠、汉渠，浙江的镜湖灌溉区、四川的都江堰灌区等都是古代较大的灌溉设施。新中国成立后，修建了大量的灌排工程设施，为农业稳产高产打下了一定的基础。但农田水利设施被任意侵占、破坏等情况时有发生，农村集体经济组织和农民群众的合法权益受到不同程度的侵害。

为加强对农业灌排工程设施的管理和保护，保障灌排面积的稳定和发展，维护国家、集体和个人管理、经营灌排工程设施的合法权益，早在1980年和1981年水利部就颁布了《机电灌排站经营管理暂行办法》《灌区管理暂行办法》《农田水利工程建设和管理暂行规定》等规范性文件。1995年，水利部、财政部、国家计划委员会联合颁布了《占用农业灌溉水源、灌排工程设施补偿办法》（水政资〔1995〕457号），对排灌工程设施的保护与补偿作出了具体规定。《水法》第三十五条也明确规定："从事工程建设，占用农业灌溉水源、灌排工程设施，或者对原有灌溉用水，供水水源不利影响的，建设单位应当采取相应补救措施；造成损失的，依法给予补偿。"

（五）水闸管理与保护

水闸根据其功能不同，可分为挡水闸、排水闸、进水闸、分水闸、节制闸、船闸等类型，分别担任挡潮、降低内河水位、分水取水、控制水位、通航等任务，在防汛抗旱、水量分配、污水防治以及航运事业中发挥着重要作用。为了对水闸工程进行科学管理、正确运用，确保工程完整、安全，充分发挥工程效益，更好地促进工农业生产和国民经济的发展，水利部发布了《水闸工程管理设计规范》（SL 170—96）、《水闸安全鉴定规范》（SL 214—98）、《水闸工程管理登记办法》（水利部水建管〔2005〕263号），对水闸的注册登记、水闸工程的调度运用、水闸的安全鉴定等作了具体规定，是水闸工程管理、运用的基本规范。

1. 水闸登记制度

水闸注册登记是水闸工程进行管理考核、改建、扩建、除险加固等的主要依据之一，采用一闸一证制度。已建成运行的水闸，由其管理单位申请注册登记；新建水闸竣工验收之后3个月内，由其管理单位申请注册登记。无专门管理单位的水闸，由主管部门或建设单位申请办理注册登记。水闸注册登记的程序是：申报、受理、审核、登记、发证。水闸注册登记证每5年由水闸注册登记机构复验一次。

2. 水闸工程的调度运用

水闸工程调度运用涉及上下游各方的利益调度，不能随心所欲。因此，水闸管理单位需要根据水闸运用指标（上、下游的最高水位和最低水位、最大水位差以及最大过闸流量、下游河道的安全泄量），结合工程具体情况和有关部门的合理要求，参照历史水文规律和工程运用经验以及当年水情预报等，参照以下原则：①必须在保证工程安全的条件下，合理地综合利用水资源，充分发挥工程效益，当兴利与防洪有矛盾时，兴利应当服从防洪；②必须上、下游工程相配合；③有淤积问题的水闸，应研究采取妥善的方式防淤、排沙和防冲；④在通航河道的水闸，应尽量保持上、下游河道水位相对稳定和通航水深；⑤位于鱼类洄游河道的水闸，应尽可能通过控制运用满足鱼类洄游的要求。制定年度调运用计划。

3. 水闸安全鉴定

为保证水闸运用安全，根据《水闸安全鉴定规定》，水闸投入运用每隔15～20年，应进行一次全面的安全鉴定：单项工程达到折旧年限，应适时进行安全鉴定；对影响水闸安全运行的单项工程，必须及时进行安全鉴定。具体鉴定工作由水闸上级主管部门负责组织实施。

三、水文设施管理与保护法律制度

水文工作是为防汛抗旱、合理开发利用水资源、保护水环境、提供水文信息服务的基础工作，为国民经济建设提供了准确可靠的水文数据及决策依据。

水文资料要求有连续性、完整性、长期性、统一性、及时性和准确性，水文设施一旦遭受破坏，就会影响水文资料收集的完整性，难以发挥站网的整体功能。因此，加强水文设施的管理与保护十分重要。《水法》第十六条规定：“县级以上人民政府应当加强水文、水资源信息系统建设”，第四十一条规定：“单位和个人有保护水工程的义务。不得侵占、毁坏堤坝、护岸、防汛、水文监测、水文地质监测等工程设施”。

1991年水利部颁布《水文管理暂行办法》（水政〔1991〕24号），对水文设施的管理和保护作出了具体规定。第二十六条规定：水文测站的测验设施、标志、场地、道路、照明设备、测站码头、地下水观测井、传输水文情报预报的通信设施受国家保护，任何单位和个人不得侵占、毁坏和擅自使用、移动；未经水文测站主管机关的同意，严禁在保护区内进行有关活动。同时，在保护区内规定了禁止以下行为：①植树造林、种植高秆作物，堆放物料，修筑房屋等建筑物；②在河段内取土、采石、淘金、挖砂、停靠船舶、倾倒垃圾废物；③在水文测验过床设备、测验断面、气象测场上方架设路线；④其他对水文测验作业或资料有影响的活动。

水文设施的迁移会直接影响到水文资料的完整性、延续性、而且迁移的成本也很大，应当严格加以控制。《水文管理暂行办法》第三十条规定：确因国家重大建设需要，在水文测验河段保护区内修建工程的，或其上下游修建工程影响水文测验的应征得其省、自治区、直辖市主管部门或流域机构的同意，对国家防汛总指挥部报讯以及依据国家协议向国外提供水文信息的水文站，应报水利部批准。由此而需要迁移水文站站址改建测报设施的，迁移或改建的全部费用应由工程建设单位承担。

第三节　河　道　管　理

一、河道管理概况

（一）河道及其等级划分与认定

河道是天然水流经过千百万年冲刷而成的大系统，具有行洪、排涝、灌溉、供水、航运、渔业养殖、旅游开发、生态环境、城市景观等多种功能。河道即河流的同义词，也就是江河水流与河床的综合体。河床，是承载水流或被水淹没的部分区域，是江河天然水流的通道和蓄水的载体。但是随着人类社会为了整治江河、防治水害，开发利用河流的自然资源，修建大量的水工程以后，河流已经不完全是天然物了，河道内的各种防洪设施已经成为河道不可分割的组成部分。因此，从河道防护的角度或管理层面理解的河道，不仅仅指天然水流与河床，还包括河床范围以内及其边缘的附属物，以及人工设置的具有蓄排水功能的低洼区域。因此，《河道管理条例》规定，河道包括湖泊、人工水道、行洪区、蓄洪区和滞洪区。

划分河道等级是保障河道行洪安全和多目标综合利用，实现科学化、规范化管理的重要手段。不同等级的河道有不同等级的建设标准，不同等级河道的建设与管理将由不同级别的部门分工负责，以便充分发挥河道沿岸各地的积极性。为此，水利部颁布的《河道等级划分办法》，具体划分主要依据河道的自然规模及其对社会、经济发展影响的重要程度（主要是耕地、人口、城市规模、交通及工矿企业）等因素。把我国河道划分为五个等级，其中一级河道为流域面积大于5万km^2，耕地面积大于33万ha，人口为500万人以上，城市规模为特大城市，交通及工矿企业特别重要，可能开发的水力资源大于500万kW。至于河道等级的认定，根据国家有关规定，一级、二级、三级河道由水利部认定，四级、五级河道由省、自治区、直辖市水利（水务）厅（局）认定。

（二）河道管理及其范围

河道管理就是运用法律、技术、经济、行政等手段，维护河势稳定，使河道输水保持合理水位和水体自净能力，发挥江河湖泊的行洪、排涝、航运、发电、供水、养殖、景观等综合效益的行为。它主要包括河道的整治与建设、河道的日常维护与保洁、涉河建设项目的审批、河道采砂作业的许可、河道清障等内容。

河道管理范围是水行政主管部门实施河道管理的职权范围。河流本来是自然形成的产物，但随着人类社会为了整治江河、防治水害、开发利用水资源，修建了大量的水利工程，河流已不完全是天然的产物，而是经过人工的整治和改造。因此，从河道管理的角度看，河道不仅仅包括天然的水流与河床，还应包括河床范围以内及其边缘的附属物，以及人工开挖的水的通道。《河道管理条例》对河道作了明确规定，河道包括湖泊、人工水道、行洪区、蓄洪区和滞洪区。对于河道管理范围，《防洪法》作了规定："有堤防的河道、湖泊，其管理范围为两岸之间的水域、沙洲、滩地、行洪区、两岸堤防及护堤地；无堤防的河道、湖泊，其管理范围为历史最高洪水位或者设计洪水位之间的水域、沙洲、滩地和行洪区。"可见，河道的管理范围主要取决于河道设防（堤防）的情况和河道洪水位。

河道的具体管理范围，由县（市、区）人民政府根据规定标准和要求划定并公布。县（市、区）水行政主管部门应当根据公布的河道管理范围设置界桩和公告牌。

（三）河道管理与土地管理的关系

河道管理与土地管理的关系非常密切，在河道管理范围内，土地管理主要是对范围内的可耕地和其他可以利用的土地的地籍管理，即土地的权属管理。河道管理范围内的地籍管理一般分以下四种情况：

（1）河床经常过水的部分以及河滩，作为河道的基本组成部分，不纳入地籍管理范围，完全依照河道管理有关规定进行管理与保护。

（2）不经常过水的耕地和可利用土地，纳入土地部门的地籍管理，河道管理则是对其耕作和利用方式实施必要的限制。例如，禁止种植高秆作物及进行其他妨碍行洪、污染水质的活动。

（3）对于堤防、水闸等水工程，由地方人民政府划定工程管理范围。在管理范围内，已经征用土地的，归工程管理单位占用和使用；没有征用的，原所有者或使用者除了不得从事法律法规规定的禁止性行为外，仍然可以继续使用。

（4）堤防背水坡管理范围以外的一定距离内，应当划为保护范围，其土地所有权和使用权不变，但应按照河道管理法规的规定，限制那些影响堤防防洪安全的活动。这里所说的保护范围，实际就是需要控制的范围。

（四）河道管理与航道管理的关系

航道是河道的一部分。河道大于航道，但河道不一定就是航道，河道管理是对河道多种功能的综合管理；航道管理是为保护和发展航运而进行的专业管理，两者相辅相成，各司其职。一般来说，河道行洪畅通，对航运安全必将起到积极作用，但有时两者也有冲突。如为了确保航道畅通，需修筑丁坝，抬高水位，但从水利角度来说，这可能造成河势改变，对堤防构成威胁。因此，在《河道管理条例》中规定，交通部门进行航道整治，应当符合防洪安全要求，并事先征求河道主管机关对有关规划设计的意见。水利部门进行河道整治，涉及航道的，应当兼顾航运的需要，并事先征求交通部门对有关规划设计的意见。

二、河道保护法律制度

河道的安全和正常运用关系到河道附近地区的人民生命财产安全和经济发展，重要河道的安全和正常运用，甚至关系到整个国民经济的正常发展和社会安定。但在现实生活中，围湖造地、围垦河流、占用水域、滥挖河砂、偷排泥浆、河道设障及损毁堤防等行为致使河道防洪标准降低，调洪能力减弱，水环境恶化，并由此加重了洪涝灾害的损失。因此，加强河道保护不仅具有重要的现实意义，而且就保护水资源，维护生态环境，实现人水和谐，造福子孙后代来说，也具有深远的历史意义。河道保护不仅需要工程措施，还需要非工程措施。通过法律的约束作用、规范作用，强化河道保护的力度。

（一）提升河道规划水平

河道的利用和保护涉及跨地区、多部门，需要有一个统一、协调的行为规范，才能真正管理好、开发好、保护好，即河道规划（包括河道建设、清淤疏浚、岸线利用、水域保

护等专业规划)，它是河道建设、保护、利用和管理的依据。河道规划一经批准，各地区、各部门都应当严格执行。为了保证规划的实施效力，《河道管理条例》规定，编制和修改城乡规划，应当注重规划区内原有河道的规划保护和新河道的规划建设，注重发挥河道在防洪排涝、涵养水土、美化环境、保护生态、传承历史等方面的功能。城市新区和各类开发区的建设涉及河道水域的，应当符合水域保护规划。确需改变水域保护规划占用河道水域的，应当按照规定程序和权限修改水域保护规划。河道建设应当服从河道建设规划，符合国家和省规定的防洪、通航等标准以及其他有关技术要求，保障堤防安全，注重河道水生态系统的保护、恢复，改善河道的防洪、灌溉、航运等综合功能，兼顾上下游、左右岸，保持河势稳定，维持河道的自然形态，不得任意截弯取直，不得任意改变河道岸线，不得填堵、缩窄河道。

(二）强化河道保护措施

在土地资源日益紧张的情况下，与河争地以及在河道管理范围内实施诸多不合理的行为较为普遍，时常会对河道的正常运用构成威胁。有的地区甚至还会发生新的水事纠纷。为了防止不合理行为的影响，《河道管理条例》规定在河道管理范围内禁止以下行为：

(1）建设住宅、商业用房、办公用房、厂房等与河道保护和水工程运行管理无关的建筑物、构筑物。

(2）弃置、倾倒矿渣、石渣、煤灰、泥土、泥浆、垃圾等抬高河床、缩窄河道的废弃物。

(3）堆放阻碍行洪或者影响堤防安全的物料。

(4）种植阻碍行洪的林木或者高秆作物。

(5）设置阻碍行洪的拦河渔具。

(6）利用船舶、船坞等水上设施侵占河道水域从事餐饮、娱乐等经营活动。

(7）法律、法规规定的其他情形。

同时，《河道管理条例》还规定，在河道管理范围内从事爆破、打井、钻探、挖窖、挖筑鱼塘、采石、取土、开采地下资源、考古发掘等活动的，不得影响河势稳定、危害堤防安全、妨碍河道行洪，并须事先上报经县级以上地方人民政府水行政主管部门批准；禁止损毁堤防、护岸、闸坝等水工程建筑物和防汛设施、水文监测和测量设施、河岸地质监测设施以及通信照明等设施；禁止围垦河道，河口地区因江河治理需要围垦的，应当经过科学论证，经省水行政主管部门审查同意后报省人民政府批准，已经围湖造地的，应当按照国家规定的防洪标准进行治理，有计划退地还湖。

(三）落实河道清障责任

河道清障事关防洪安全，涉及经济利益，又涉及公共安全和社会的维稳问题。《河道管理条例》规定，对壅水、阻水严重的桥梁、引道、码头和其他跨河工程设施，根据国家规定的防洪标准，由县级以上地方人民政府水行政主管部门报请本级人民政府责令建设单位限期改建或者拆除。造成建设单位合法权益损失的，应当依法予以补偿。对河道范围内阻碍行洪的障碍物，按照谁设障、谁清除的原则，由防汛抗旱指挥机构责令限期清除。逾期不清除的，由防汛抗旱指挥机构组织强制清除，所需费用由设障者承担。

（四）加大河道综合治理

河道综合治理是解决河道问题的有效措施。《河道管理条例》提出了两方面的措施：一是定期开展河道淤积监测，并制定清淤年度计划；二是制定河道保洁实施方案，明确责任主体、保洁要求、保洁经费和考核办法。

三、涉河建设项目审批与监管

河道管理范围内的工程建设，对河道的功能影响很大，因此应该服从流域综合规划，符合国家规定的防洪标准、通航标准和其他有关技术要求，维护堤防安全、保持河势稳定和行洪、航运畅通。

涉河建设项目分为两类：一类是在江河、湖泊上建设的防洪工程和其他水工程、水电站；另一类是指在河道管理范围内建设的跨河、穿河、穿堤、临河的桥梁、码头、道路、渡口、管道、缆线、取水、排水等工程设施，即非水利工程项目。

（一）涉河建设项目的审批

对涉河建设项目的审批，《水法》和《防洪法》分别作了规定。对于防洪工程和其他水工程、水电站，应在可行性研究报告按照国家规定的基本建设程序报请批准时，附有关水行政主管部门签署的符合流域综合规划和防洪规划要求的规划同意书（简称签署规划同意书）。对于建设跨河、穿河、穿堤、临河的桥梁、码头、道路、渡口、管道、缆线、取水、排水等工程设施，应在可行性研究报告按照规定程序报批前，将工程建设方案送有关水行政主管部门审查同意［简称涉河涉堤（占用水域）建设项目审批］。涉河建设项目在施工过程中，往往会影响河道的行洪安全以及建设项目自身的度汛安全，有的在施工过程中还需临时占用水域修建围堰、便桥等。《河道管理条例》规定，在河道管理范围内从事工程建设活动，不得妨碍防洪度汛安全。施工单位应当在开工前将施工方案报县级以上地方人民政府水行政主管部门（一般是工程所在地的水行政主管部门）备案。其中，因施工需要临时筑坝围堰、开挖堤坝、管道穿越堤坝、修建阻水便道便桥的，应当事先报经县级以上地方人民政府水行政主管部门批准。

涉河建设项目的审批，特别是占用水域的建设项目审批，要严格按照以下程序执行。

1. 申报

涉河建设项目建设单位编制可行性方案时，按照河道管理权限，向水行政主管部门提交申请文件，包括：①申请书；②建设项目所依据的文件；③建设项目涉及的河道及防洪初步设计方案；④建设项目防御洪涝的设防标准与措施，建设项目对河势变化、堤防变化、河道行洪、河水水质的影响及拟采取的补救措施。

2. 审查

水行政主管部门收到申请后，应及时审查，审查内容主要有：①是否符合江河流域综合规划，对规划实施有何影响；②是否符合防洪标准；对河势稳定、水流形态、水质、冲淤变化有无不利影响；③是否妨碍行洪，是否妨碍防汛抢险；对堤防、护岸和其他水工程安全有无影响；④防洪标准与措施是否适当；是否影响第三人合法的水事权益。

3. 处理

水行政主管部门收到申请书之日起20日内将审查意见书面通知申请单位。同意的发

给审查同意书，并抄报上级水行政主管部门和建设单位的上级主管部门。审查意见书可以对建设项目设计、施工、管理提出有关要求。涉河建设项目需要占用河道、湖泊管理范围内土地，跨越河道、湖泊空间或穿越河床的，有关水行政主管部门应对该工程建设的位置和界限予以审查批准。

水行政主管部门对申请审查后作出不同意建设的决定，或者要求有关问题进一步修改补充后再审查的，应在批复中说明理由和依据。建设单位对批复有异议时，可申请行政复议。

（二）涉河建设项目的监管

对涉河建设项目的监督管理主要分为事前、事中和事后的监管。工程建设项目事前经过审批后，必须加强事中和事后的监管。事中，水行政主管部门应当对项目施工进行全过程的监管，即动工建设之前，水行政主管部门应当审查施工单位的施工方案，特别是对该工程设施建设的位置和界限进行审查批准，最好应当赴现场实地做好放样。施工过程中，水行政主管部门应按照批准的要求进行检查。事后，工程竣工时，水行政主管部门应当参加验收，经验收合格方可使用。

（三）法律责任

《防洪法》规定，未经水行政主管部门对其工程建设方案审查同意或者未按照有关水行政主管部门审查批准的位置、界限，在河道、湖泊管理范围内从事工程设施建设活动的，责令停止违法行为，补办审查同意或者审查批准手续；工程设施建设严重影响防洪的，责令限期拆除，逾期不拆除的，强行拆除，所需费用由建设单位承担；影响行洪但尚可采取补救措施的，责令限期采取补救措施，可以处 1 万元以上 10 万元以下的罚款。

防洪工程设施未经验收，即将建设项目投入生产或者使用的，责令停止生产或者使用，限期验收防洪工程设施，可以处 5 万元以下的罚款。

四、河道采砂管理

河道采砂是指在河道管理范围内开采砂、石、土、淘金等行为。通常有水采和旱采两种方式。河道管理范围内的砂石，是河床的组成部分，其何地可以开采、何时可以开采、开采多少、如何开采，与两岸堤防的安全、河势的稳定以及防洪安全密切相关。加强河道采砂管理是水行政主管部门的一项重要职责。《水法》第三十九条规定：“国家实行河道采砂许可制度。河道采砂许可制度实施办法，由国务院规定。”但截至目前，国务院并未出台相关规定。

天然河流中的泥沙，大多是从流域地表冲蚀而形成的，也可以说是自然和人为造成的水土流失形成的。近年来，随着大规模的开采以及水土流失的防治，河道中的砂石资源越来越少，为了保护砂石资源与生态环境，全国各地已有很多地区全面实行禁采。

（一）编制采砂规划

为了确保河道采砂有序进行，防止因不合理开采造成河势不稳、行洪不畅、堤防受损等情况的发生，水行政主管部门必须事先会同国土资源主管部门做好河道砂石资源的调查，编制河道采砂规划，报经本级人民政府批准并公告后实施。如果规划采砂的河道同时属于航道的，还应当同时会同交通运输主管部门。

采砂规划涉及上下游、左右岸边界河段的，由相关的水行政主管部门协商划定采砂河段，报共同的上一级人民政府水行政主管部门备案；协商不成的，由共同的上一级人民政府水行政主管部门划定。采砂规划应当明确禁止开采、限制开采、可以开采的区域和可以开采的数量和期限。

（二）河道采砂许可

根据《河道管理条例》的规定，在河道管理范围内采砂的单位或者个人，应当依法分别向水行政主管部门、国土资源主管部门申领采砂许可证和采矿许可证。河道砂石资源的开采权，应当按照《行政许可法》的规定，采取招标、拍卖等公开、公平方式出让。河道砂石开采权出让方案由水行政主管部门会同同级国土资源主管部门制定；出让方案应当明确采砂范围、数量、期限、作业方式、作业时间、弃渣弃料的处理、采砂场所恢复、违约责任等。

（三）河道采砂监管

河道采砂许可后，各级水行政主管部门应当加强日常的巡查和监管，确保采砂业主严格按照许可和出让方案的要求组织实施：①在规定的开采范围和开采时间内开采；②按照规定的采砂作业方式开采，防止滥用大型真空吸砂泵，对堤防造成危害；③在采砂作业场所设置公示牌，载明采砂范围、期限、作业方式、作业时间等，接受公众监督，并设置警示标志；④加强生产安全管理，及时复平砂坑，服从防洪调度，保证行洪安全。

五、河道管理相关法律责任

（一）从事禁止行为的法律责任

擅自移动、损毁河道管理范围内的界桩和公告牌，责令改正，恢复原状，可以处200元以上2000元以下的罚款。在河道管理范围内从事禁止行为的，责令停止违法行为，限期改正；逾期不改正的，处1万元以上5万元以下的罚款。在河道管理范围内未经批准，从事爆破、打井、钻探、挖窖、挖筑鱼塘、采石、取土、开采地下资源、考古发掘等活动的，责令停止违法行为，限期改正或者采取其他补救措施；逾期不改正或者不采取其他补救措施的，处1万元以上10万元以下的罚款。

（二）违法实施建设活动的法律责任

在河道管理范围内建设防洪工程、水电站和其他水工程以及跨河、穿河、穿堤、临河的桥梁、码头、护岸、道路、渡口、管道、缆线、取水、排水等建筑物或者构筑物，其工程建设方案未经县级以上地方人民政府水行政主管部门批准的，责令停止违法行为，限期补办有关手续；逾期不补办或者补办未被批准的，责令限期拆除违法建筑物、构筑物；逾期不拆除的，由县级以上地方人民政府水行政主管部门强制拆除，所需费用由违法单位或者个人承担，并处1万元以上10万元以下的罚款。未按照水行政主管部门批准的工程建设方案修建的，由县级以上地方人民政府水行政主管部门责令限期改正，处1万元以上10万元以下的罚款。施工单位在开工前未将施工方案报县级以上地方人民政府水行政主管部门备案的，责令限期改正；逾期不改正的，处3000元以上3万元以下的罚款；未经批准临时筑坝围堰、开挖堤坝、管道穿越堤坝、修建阻水便道便桥的，责令限期改正，处1万元以上10万元以下的罚款。施工单位未按要求恢复河道原状，或者建设单位未按照要

求修复受损河道工程及其配套设施或者未及时进行河道清淤的，由县级以上地方人民政府水行政主管部门责令限期改正；逾期不改正的，处1万元以上10万元以下的罚款。建设项目未按照批准的要求占用水域的，限期改正，并可处1万元以上3万元以下的罚款。

（三）违法采砂的法律责任

擅自在河道管理范围内采砂的，责令停止违法行为，没收违法所得，可以并处2万元以上20万元以下的罚款；情节严重的，可以并处没收作业设施设备（包括采砂船舶、挖掘机械、吊杆机械和分离机械以及用于采砂作业的其他工具）。从事河道采砂的单位或者个人未按照规定设立公示牌或者警示标志的，责令限期改正；逾期不改正的，处500元以上5000元以下的罚款。未按照规定要求从事河道采砂作业的，责令限期改正；逾期不改正的，处1万元以上10万元以下的罚款；情节严重的，可以并处吊销采砂许可证。

（四）水行政主管部门或者河道管理机构及其工作人员的法律责任

未依法实施行政许可的；未按规定履行河道建设、清淤疏浚和保洁等职责的；未履行监督管理职责造成严重后果的以及有其他玩忽职守、徇私舞弊、滥用职权行为的，由有权机关根据权限，对直接负责的主管人员和其他直接责任人员依法给予处分。

【案例3-1】 河务局依法填鱼塘渔场损失谁来补偿

【案情简介】 某县一个渔场位于太行堤临河一侧，该渔场的部分鱼塘是县河务局修复大堤遗留下的废坑经渔场深挖改造形成的，且在太行堤护堤地管理范围内。渔场深挖改造废坑进行养鱼的经营活动未经县河务局批准，违反了《××省黄河河道管理办法》第二十三条、第三十六条和《××省黄河工程管理条例》第十四条的规定，县河务局为此下达了行政决定书，责令渔场限期拆除回填在工程管理范围内的鱼塘。渔场不服该行政决定，向县人民政府申请复议。县人民政府以省政府已经明确规定太行堤护堤地为30米，渔场的部分鱼塘位于护堤地内，违反《××省黄河河道管理办法》的相关规定，作出了维持县河务局行政决定的复议决定。

该渔场不服复议决定，认为渔场土地与村委会签订了合法的土地承包合同并得到县相关职能部门的批准，渔场对鱼塘享有合法权益，县河务局的行为侵犯了渔场的合法权益，应对此承担赔偿责任，于是向县人民法院提起行政诉讼。县人民法院认为县河务局的具体行政行为程序合法，事实清楚，证据充分，适用法律法规正确，渔场请求的补偿事项不是县河务局的具体行政行为造成的，不负补偿责任。据此，县法院作出一审判决：维持县河务局行政决定，驳回渔场请求县河务局给予经济补偿的诉讼请求。随后，渔场又先后提起上诉并进行了申诉，再审法院维持了一审判决和二审判决。

【法律问题】

（1）渔场在太行堤护堤地内进行渔场经营的行为是否违反了法律规定？

（2）县河务局责令渔场限期拆除回填在工程管理范围内的鱼塘的行政决定，是否合法？

（3）县河务局的管理权是否侵犯村集体的所有权和长垣渔场的使用权？

【案情分析】

问题1. 未经水行政主管部门批准，在护堤地内进行渔场经营是违法行为。

根据《河道管理条例》第二十五条、《××省黄河河道管理办法》第二十三条的明确规定，在河道管理范围内挖筑鱼塘必须报河道主管机关批准，因此渔场利用护堤地内的废坑开挖鱼塘进行渔场经营的行为，必须在获得县河务局的批准之后才能实行。由于该渔场没有履行审批手续，其行为违反了河道管理的相关法律规定，属于违法行为。

问题2. 县河务局的行政决定合法有效。

县河务局的这项审批权，是由《河道管理条例》和××某省的相关河道管理规定所确定的。对于违反审批规定的情形，根据《河道管理条例》第四十四条与《××省黄河河道管理办法》第四十三条的规定，县河务局除责令其纠正违法行为，采取补救措施外，还可以并处警告、罚款、没收非法所得等行政处罚措施。在本案中，县河务局要求渔场限期拆除回填在工程管理范围内的鱼塘，就是采取了责令其纠正违法行为，采取补救措施的行政措施，这是一个依法履行其职责的具体行政行为，事实清楚、证据充分、程序合法，因而该行政行为合法有效。

问题3. 县河务局的管理权并未侵犯村集体的所有权和渔场的使用权。

本案中，县河务局的管理权并未与村集体的所有权发生冲突，并不要求改变村集体对土地的所有权，即回填鱼塘以后土地的所有权仍属于村集体。黄河河道主管机关的管理权只对土地的使用权主要是对使用的方式予以限制。黄河河道主管机关的管理权要求土地的使用方式不能危害大堤安全，不能有碍于国家防洪大计，不能损害公共利益。在堤（坝）身、护堤地挖鱼塘是法律明令禁止的，在其他的河道管理范围内挖筑鱼塘应得到河道主管机关的批准。该渔场行使的使用权违反了上述的规定，因此属于违法行使使用权。而违法行为所获得的利益不受法律保护。另一方面，回填鱼塘后，该渔场仍可以在法律允许的范围内对该土地行使使用权。因此，县河务局并未侵犯村集体的所有权和该渔场的使用权，该渔场的损失不是县河务局的具体行政行为造成的，故县河务局不负赔偿责任。

第四节 水土保持管理

一、水土保持基本知识

水土保持是指对自然因素和人为活动造成的水土流失所采取的预防和治理措施，是我国的一项基本国策。水土流失的防治涉及自然科学和社会科学，关系到国土整治、资源保护、生态环境及社会等各个方面。

（一）水土流失的概念及危害

水土流失（也被称为侵蚀作用或土壤侵蚀）通常是指地球的表面不断受到风、水、冰融等外力的磨损，在各种自然和人为因素的影响下，地表土壤及母质、岩石受到各种破坏和移动、堆积过程以及水本身的损失现象，包括土壤侵蚀及水土的流失。

水土流失的危害主要表现在：①坡耕地土壤肥力逐年下降，土层减薄，土壤质地变粗；②丘陵山区荒山荒坡冲沟发育，蚕食地面，开发利用价值不断下降；③水土流失下泄的泥沙淤积于水库、河道，缩短水库使用寿命，降低河道行洪能力，加剧洪涝灾害，降低航运能力。总之，水土流失造成了土地资源的破坏和损失，导致了生态环境恶化，水、旱、风沙等自然灾害加剧，直接影响经济和社会的可持续发展。

（二）水土流失的主要因素

水土流失是由于自然因素和人为活动的影响而产生的一种自然现象。其中影响侵蚀作用最主要的自然因素有气候、地形、土壤、植被等。人为活动造成水土流失主要表现在破坏植被，不合理的耕作方式，陡坡开荒，采石、开矿、修路等生产建设破坏地表植被后不及时恢复以及随意倾倒废土、石渣等。

（三）水土保持基本原则

水土保持基本原则在《水土保持法》第三条作了明确规定：水土保持工作实行预防为主、保护优先、全面规划、综合治理、因地制宜、突出重点、科学管理、注重效益的方针。

“预防为主，保护优先”，即在水土保持工作中，首要的是预防产生新的水土流失，要保护好原有植被和地貌，把人为活动产生的新的水土流失控制在最低程度，不能走先破坏后治理的老路。“全面规划，综合治理”，即对水土流失防治工作必须进行全面规划，统筹预防和治理、统筹各区域的治理需求、统筹治理的各项措施等。对已发生水土流失的治理，必须坚持以小流域为单元，工程措施、生物措施和农业技术措施优化配置，山水田林路村综合治理，形成综合防护体系。“因地制宜，突出重点”，即水土流失治理，要根据各地的自然和社会经济条件，分类指导，科学确定当地水土流失防治工作的目标和关键措施，要突出重点，由点带面，整体推进。“科学管理，注重效益”，随着现代化、信息化的发展，水土保持管理也要与时俱进，引入科学的现代管理理念和先进技术手段，促进水土保持由传统向现代的转变，提高管理效率；注重效益是水土保持工作的生命力。水土保持效益主要包括生态、经济和社会三大效益。在防治水土流失工作中要统筹兼顾三大效益，把治理水土流失与改善民生、促进群众脱贫致富紧密结合起来，充分调动群众参与治理的积极性。

（四）水土流失治理

1. 坡耕地治理

坡耕地是水土流失最为严重的土地利用类型，主要治理措施如下：

（1）陡坡地退耕还林还草。有条件的地方，25°以上的陡坡耕地逐步退耕还林还草。

（2）修建梯田（地）。25°以下、土层较深厚的坡耕地，可以修建梯田。

（3）整治排水系统。25°以下、土层较薄的坡耕地，可以通过整治排水系统予以治理。主要是在坡面上每隔一定距离沿等高线修建横沟，并修建与横沟相通的纵沟。为避免冲刷，纵沟需修建若干跌水等消能设施，有条件的还可建蓄水池或沉沙池等。

（4）保水保土耕作法。坡耕地宜推行保水保土耕作法，可分为三类：①改变微地形，主要有等高耕作、沟垅种植等；②合理密植物覆盖，主要有草田轮作、间作与套种、合理密植等；③增加地表径流入渗、提高土壤抗蚀性能，主要有深耕、增施有机肥、少耕、免耕等。

2. 荒坡治理

荒山荒坡的治理措施要因坡度、土壤、土层厚度等因素的不同而有所区别。对土层深厚、坡度较缓地带，根据当地条件确定治理措施。人多地少的地方，可以开垦并修建梯田，建成基本农田；交通比较便利的地方，可以修建水平带、水平沟、水平阶等水土保持坡面工程并在此基础上发展经济林果。对有一定土层、坡度较陡的地带，可以修建鱼鳞坑等水土保持坡面工程，营造水土保持林。对土层浅薄的地带，可以采取种草护坡固土，适当种植水土保持灌木或乔木树种。

3. 疏林地治理

对水土流失程度较轻的疏林地，主要的治理措施是封山育林。封育方式有全年封、半封和轮封三种。要制定相应的规章制度，成立护林组织，划定封育治理范围，作出明确标志，固定专管人员，禁止在封育区内放牧、狩猎、铲草、开采矿石、挖河取土等活动。

对水土流失比较严重的疏林地，要视具体情况采取相应的水土保持生物措施和工程措施。25°以下、土层较深厚的，可以采取人工补植的方法恢复植被，改善林相；土层较浅或坡度较陡的，可以结合水土保持整地工程（如修建水平阶、水平沟、窄梯田、鱼鳞坑、大型果树坑等），依据“适地适树”的原则，营造水土保持林、发展林果经济。

4. 沟壑治理

针对沟壑侵蚀作用的具体特点，可以采取沟头防护、谷坊和沟岸砌石等治理措施。对沟道下切作用段修筑拦沙坝，以拦蓄下泄泥沙。对沟道下切作用强烈的沟壑，采取修筑多级谷坊的方式，抬高或固定侵蚀发育基准面，必要时可以采取沟头防护、修整沟坡、修建护坡（岸）以及植物护岸等措施。对平原河网河岸坍塌严重的，采用工程护岸或植物护岸方法进行整治。

5. 综合治理

水土流失治理往往不是单一措施可以奏效的，需各种措施相互结合、相互依托，才能更加有效地发挥作用。在水力侵蚀地区，应当以天然沟壑及其两侧山坡地形成的小流域为单元，实行全面规划，综合治理。针对不同土地利用类型、不同坡度、不同地区水土流失的特点，因地制宜，因害设防，科学配置各项水土流失防治措施，工程措施、生物措施与耕作措施相结合，山水田林路统一规划，综合治理。

二、水土流失的预防

《水土保持法》强调了水土保持工作的预防性，具体措施如下。

（一）扩大林草覆盖面积

植树种草是水土流失综合治理的一项重要措施。在水土流失地区人工植树种草，可以加快林草植被的恢复，迅速提高水土保持功能，提高涵养水源和减轻水土流失能力。

（二）特定区域禁止从事取土、挖砂、采石等活动

《水土保持法》第十七条规定，地方各级人民政府应当加强对取土、挖砂、采石等活动的管理，预防和减轻水土流失。禁止在崩塌、滑坡危险区和泥石流易发区从事取土、挖砂、采石等可能造成水土流失的活动。县级以上地方人民政府划定崩塌、滑坡危险区和泥石流易发区的范围，采取公告、设置标志牌等多种宣传方式对划定的区域和禁止行为予以公告，为水行政主管部门打击违法行为提供依据。

（三）禁止开垦陡坡地

《水土保持法》第二十条规定：“禁止在25°以上陡坡地开垦种植农作物。在25°以上陡坡地种植经济林的，应当科学选择树种，合理确定规模，采取水土保持措施，防止造成水

土流失。”不同水土流失类型区，在土壤、雨量、植被覆盖以及种植管理等条件相同时，水土流失量随坡度的增加而增加，当坡度达到25°时，水土流失量明显加剧。陡坡地一经开垦，几年后土层就被冲光，岩石裸露，导致山上开荒，山下遭殃。具体禁止开垦的陡坡地范围应当由当地县级人民政府根据国家和省的相关规定划定并公告。

（四）不得擅自开垦禁止开垦坡度以下、5°以上的荒坡地

《水土保持法》第二十三条规定：“在禁止开垦坡度以下、5°以上的荒坡地开垦种植农作物，应当采取水土保持措施。”根据水土保持技术规范关于不同水力侵蚀类型强度分级参考指标，3°以下的坡耕地没有明显的土壤侵蚀，3°～5°的坡耕地有轻度的土壤侵蚀，5°～8°就开始发生中度侵蚀。因此，对禁止开垦坡度以下、5°以上的坡耕地也不能擅自开垦，开垦者必须向县级人民政府水行政主管部门提出申请，包括具体的开垦地点、面积及需要采取的水土保持措施等。水行政主管部门主要审查开垦是否符合水土保持的有关规定，水土保持措施是否切实可行，对不符合水土保持有关规定的，水行政主管部门不得批准。

（五）科学合理采伐林木

在采伐林木时，采伐区、集材道是地表植被损坏最为严重的部位，也是引发水土流失的重点部位。《水土保持法》第二十二条规定：“林木采伐应当采用合理方式，严格控制皆伐；对水源涵养林、水土保持林、防风固沙林等防护林只能进行抚育和更新性质的采伐；对采伐区和集材道应当采取防止水土流失的措施，并在采伐后及时更新造林。”

在林区采伐林木的，采伐方案中应当有水土保持措施。采伐方案经林业主管部门批准后，由林业主管部门和水行政主管部门监督实施。

（六）做好生产建设项目水土流失预防工作

生产建设项目选址、选线应当避让水土流失重点预防区和重点治理区；无法避让的，应当提高防治标准，优化施工工艺，减少地表扰动和植被损坏范围，有效控制可能造成的水土流失。在山区、丘陵区、风沙区以及水土保持规划确定的容易发生水土流失的其他区域开办可能造成水土流失的生产建设项目，生产建设单位应当编制水土保持方案，报县级以上人民政府水行政主管部门审批，并按照经批准的水土保持方案，采取水土流失预防和治理措施。水土保持方案分为“水土保持方案报告书”和“水土保持方案报告表”。

1. 水土保持方案的编制

生产建设单位没有能力编制水土保持方案的，应当委托具有编制水土保持方案能力的单位进行。水土保持方案的编制应当按照《水土保持法》第二十五条、“水土保持方案报告书”编制提纲、“水土保持方案报告表”及国家、部门现行有关规范进行。水土保持方案既要对主体工程的设计进行水土保持论证，对水土流失防治目标、任务和标准作出部署，还要对水土保持工程措施、植物措施、临时措施进行设计，对水土保持方案实施提出具体要求。水土保持方案应当包括：①水土流失防治的责任范围，包括生产建设项目永久占地、临时占地及由此可能对周边造成直接影响的面积；②水土流失防治目标，在生产建设项目水土流失预测的基础上，根据项目类别、地貌类型、项目所在地的水土保持重要性和敏感程度等，合理确定扰动土地整治率、水土流失总治理度、土壤流失控制比、拦渣率、林草植被恢复率、林草覆盖率等目标；③水土流失防治措施，根据项目特性及项目区自然条件、造成的水土流失特点，采取工程措施、植物措施、临时防治措施和管理措施；④水土保持投资，根据国家水土保持投资编制规范，估算各项水土保持措施投资及相关的间接费用。

2. 水土保持方案的审批

水土保持方案编制完成后，应由生产建设单位或编制单位邀请有关专家（包括水行政主管部门）或者委托某一专业机构进行技术论证，编制单位再根据论证意见修改后，由生产建设单位报水行政主管部门审批。报送水土保持方案时，必须附有专家论证意见。

水土保持方案实行分级审批制度。凡国家立项的开发建设项目和限额以上技术改造项目水土保持方案，由国务院水行政主管部门审批；地方立项的生产建设项目和限额以下技术改造项目水土保持方案，由相应级别的水行政主管部门审批；乡镇、集体、个体及其他项目水土保持方案，由其所在县级水行政主管部门审批。跨地区的项目水土保持方案，报上一级水行政主管部门审批。

审批机关应在接到“水土保持方案报告书”或“水土保持方案报告表”之日起，分别在60天、30天内办理审批手续。逾期未审批或者未予以答复的，生产建设单位可视其编报的水土保持方案已被确认。对特殊性质或特大型生产建设项目水土保持方案的审批时限可适应延长，延长时限最长不得超过半年。

3. 水土保持方案的实施

水土保持方案一经水行政主管部门批准，生产建设单位必须严格按照批准的水土保持方案进行设计、施工。经审批的项目，如果性质、规模、建设地点等发生变化，生产建设单位应及时修改水土保持方案，并报原审批单位审批。水土保持设施应当与主体工程同时设计、同时施工、同时投产使用，即“三同时”。“同时设计”是指生产建设项目水土保持设施的设计要与项目主体工程设计同时进行。可行性研究阶段要按《水土保持法》的规定编制水土保持方案，在初步设计和施工图设计阶段要根据批准的水土保持方案和有关技术标准，组织开展水土保持设计，编制水土保持设计篇章，并成为工程设计的重要组成部分。“同时施工”是指水土保持措施应当与主体工程建设同步进行。“同时投产使用”是指水土保持措施应与主体工程同时完成，并投入使用。

4. 水土保持设施的验收

水土保持设施验收是生产建设项目竣工验收的专项验收，其验收的范围应与批准的水土保持方案及批复文件一致。验收的主要内容为：检查水土保持设施是否符合设计要求、施工质量、投资使用和管理维护责任落实情况，评价防治水土流失效果，对存在问题提出处理意见等。水土保持设施符合下列条件的，方可确定为验收合格：

（1）水土保持方案审批手续完备，水土保持工程设计、施工、监理、财务支出、水土流失监测报告等资料齐全。

（2）水土保持设施按批准的水土保持方案报告书和设计文件的要求建成，符合主体工程和水土保持的要求。

（3）治理程度、拦渣率、植被恢复率、水土流失控制量等指标达到了批准的水土保持方案和批复文件的要求及国家和地方的有关技术标准。

（4）水土保持设施具备正常运行条件，且能持续、安全、有效运转，符合交付使用

要求。

(5) 水土保持设施的管理、维护措施落实。

三、水土保持监督与检查

水土保持行政监督检查是指县级以上人民政府水行政主管部门及其水土保持监督管理机构履行水土保持行政管理职能，依法对所辖区域内各类人为活动造成水土流失的防治以及影响水土流失防治效果的各项活动进行的监督和检查。

实行监督检查是水土保持法律制度实施的重要手段，是水行政监督检查的重要组成部分。《水土保持法》规定了水政监督检查人员在履行监督检查职责时可以要求被检查单位或者个人提供有关文件、证照、资料；就预防和治理水土流失的有关情况作出说明；也可进入现场进行调查取证。其检查的主要内容如下：

(1) 检查有关单位和个人在生产建设活动中是否造成或有可能造成水土流失。

(2) 检查是否向水行政主管部门及其水土保持监督管理机构提交“水土保持方案报告书”或“水土保持报告表”。

(3) 检查是否有水行政主管部门审批的水土保持方案（含检查水行政主管部门自身是否依法进行了审批）。

(4) 对于一些有水土流失防治任务的企事业单位，检查是否定期向县级以上人民政府、水行政主管部门通报水土流失防治工作的情况。

(5) 对水土保持“三同时”制度执行情况的检查。

(6) 对预防保护效益的检查，主要通过监测手段来完成。包括流失面和量的减少、损失的减少情况等。

当被检查单位或者个人正在从事违反《水土保持法》的行为，水政监督检查人员有权要求其立即停止。如果被检查单位或者个人拒不停止违法行为，造成严重水土流失的，经水行政主管部门批准，可以查封、扣押实施违法行为的工具及施工机械、设备等。

四、水土保持监督相关法律责任

1. 在特定区域从事取土、挖砂、采石等活动的法律责任

在崩塌、滑坡危险区和泥石流易发区从事取土、挖砂、采石等可能造成水土流失的活动的，由县级以上地方人民政府水行政主管部门责令停止违法行为，没收违法所得，对个人处1000元以上1万元以下的罚款，对单位处2万元以上20万元以下的罚款。在这些地区从事取土、挖砂、采石等活动，极易造成严重的水土流失，破坏生态环境，危害公共安全。因此，在具体的处理过程中，只要行为人实施了这一违法行为，就应当追究其法律责任。

2. 在禁止开垦区域开垦、开发的法律责任

在禁止开垦坡度以上陡坡地开垦种植农作物，或者在禁止开垦、开发的植物保护带内开垦、开发的，由县级以上地方人民政府水行政主管部门责令停止违法行为，并采取退耕、恢复植被等补救措施；按照开垦或者开发面积，可以对个人处每平方米2元以下的罚款、对单位处每平方米10元以下的罚款。这里的“可以”，即授予水行政主管部门行政处

罚自由裁量权。如果违法行为人积极采取了退耕、恢复植被等补救措施，且恢复效果良好的，就可以不处或少处罚款。

3. 在水土流失重点预防区和重点治理区开采固沙植物的法律责任

在水土流失重点预防区和重点治理区开采固沙植物的，由县级以上地方人民政府水行政主管部门责令停止违法行为，并采取补救措施，没收违法所得，并处违法所得1倍以上5倍以下的罚款；没有违法所得的，可以处5万元以下的罚款。注意在草原地区违反以上规定的，由县级以上地方人民政府草原行政主管部门依法追究法律责任，其他地区都是由水行政主管部门追究法律责任。

4. 采伐林木不依法采取防止水土流失措施的法律责任

在林区采伐林木，不依法采取防止水土流失措施的，由县级以上地方人民政府林业主管部门、水行政主管部门责令限期改正，采取补救措施；造成水土流失的，由水行政主管部门按照造成水土流失的面积处每平方米2元以上10元以下的罚款。

5. 不依法编制或实施水土保持方案的法律责任

生产建设单位不依法编制和实施水土保持方案，不依法履行相关义务，应承担相关的法律责任，具体包括三种情形：

（1）依法应当编制水土保持方案的生产建设项目，未编制水土保持方案或者编制的水土保持方案未经批准而开工建设的。

（2）生产建设项目的地点、规模发生重大变化，未补充、修改水土保持方案或者补充、修改的水土保持方案未经原审批机关批准的。

（3）水土保持方案实施过程中，未经原审批机关批准，对水土保持措施作出重大变更的。

有以上情形之一的，由县级以上地方人民政府水行政主管部门责令停止违法行为，限期补办手续；逾期不补办手续的，处5万元以上50万元以下的罚款；对生产建设单位直接负责的主管人员和其他直接责任人员依法给予行政处分。

6. 水土保持设施未经验收或验收不合格投入使用的法律责任

生产建设项目中的水土保持设施，应当与主体工程同时设计、同时施工、同时投入使用；生产建设项目竣工验收时，应当验收水土保持设施；水土保持设施未经验收或者验收不合格的，生产建设单位不得投入使用，如果生产建设单位一旦投产使用，由县级以上地方人民政府水行政主管部门责令停止生产或者使用，直至验收合格，并处50万元以下的罚款。

7. 未按水土保持方案要求倾倒废弃物的法律责任

生产建设项目建设中排弃的砂、石、土等应当综合利用；不能综合利用，确需废弃的，应当堆放在水土保持方案确定的专门存放地，并采取措施保证不产生新的危害。如果生产建设单位在水土保持方案确定的专门存放地之外倾倒砂、石废渣等，应当承担法律责任。由县级以上地方人民政府水行政主管部门责令停止违法行为，限期清理，按照倾倒数量处每立方米10元以上20元以下的罚款；逾期仍不清理的，县级以上地方人民政府水行政主管部门可以指定有清理能力的单位代为清理，所需费用由违法行为人承担。这是一种“代执行”的行政强制措施。

8. 造成水土流失不进行治理的法律责任

开办生产建设项目或者从事其他生产建设活动造成水土流失，不进行治理的，由县级以上地方人民政府水行政主管部门责令限期治理；逾期仍不治理的，水行政主管部门可以指定有治理能力的单位代为治理，所需费用由违法行为人承担。

【案例3－2】 山坡采石引起水土流失案

【案情简介】 重庆某县三光村是个三面环山、坡陡的自然村。1995年6月，民营企业某石料建材有限公司（下称采石公司）与三光村签订了使用山坡协议，取得使用三光村北山从事石料加工生产的权利，使用期限为20年，每年上交村里9500元。自从采石公司开采石料以来，三光村的生态环境急剧恶化，不仅造成北山山崩，形成严重的泥石流和水土流失，而且致使长江支流的三光村支流淤塞。三光村村民忍无可忍，纷纷向当地政府及有关部门反映。经调查核实后，1996年3月，当地水利局责令采石公司立即停止开采行动，并负责治理其造成的水土流失。采石公司认为其开采的土地属于三光村所有，三光村对其所有的土地具有使用权，自己与三光村签订的合同是有效的，受法律保护，水利局无权干涉。对水利局的要求置之不理后，水利局申请法院强制执行，采石公司才被迫停止开采活动，但对水利局要求治理水土流失的决定，采石公司声称停止开采已给自己造成巨大的经济损失，根本无钱治理。由于采石公司造成的水土流失不仅对三光村的生态环境造成巨大的破坏，而且还对整个长江流域上游造成巨大的隐患，必须加以治理，于是水利局筹措资金进行治理，共花费数十万元，隐患才基本得到了控制。水利局找到采石公司要求其承担水土保持治理费。采石公司称，这笔费用开支非本公司同意，是水利局自己所为，应由水利局自己承担，该公司无责任承担这笔费用。

【处理结果及法律分析】

本案中采石公司的行为违反了我国《水土保持法》的规定。该法第十五条规定："开垦禁止开垦坡度以下，5°以上的荒坡地，必须经县级人民政府水行政主管部门批准。"采石公司与该村签订了使用山坡协议，取得使用三光村北山从事石料加工生产的权利，但该协议并未取得当地水行政主管部门的批准，违反了《水土保持法》的禁止性规定，是违法行为，其所签订的协议也是无效的，无效的合同，自始不产生法律效力。因此，采石公司认为其开采的土地属三光村集体所有，三光村对其所有的土地具有使用权，自己与三光村签订的转让该村所属的北山土地使用权的合同是合法的，受法律保护，水利局无权干涉是完全错误的。采石公司开采石料以来，三光村的生态环境急剧恶化，造成北山崩塌，形成严重的泥石流和水土流失，且致使长江支流的三光村支流淤塞。因此，当地水利局在调查核实的基础上责令采石公司立即停止开采行动，并负责治理其造成的水土流失是完全正当的、合法的，康乐公司应当执行。

《水土保持法》第二十七条明确规定：企业事业单位在建设和生产过程中必须采取水土保持措施，对造成的水土流失负责治理。本单位无力治理的，由水行政主管部门治理，治理费用由造成水土流失的企业事业单位负担。建设过程中的水土流失防治费用，从基本建设投资中列出；生产过程中发生的水土流失防治费用，从生产费用中列支。这也是通常所说的"谁破坏、谁治理"原则。对水利局要求治理水土流失的决定，采石公司声称停止开采已给自己造成巨大的经济损失，根本无钱治理。结果最终由市水利局筹措资金进行治理，根据前文所引法律规定，本案中的治理费用应由采石公司全部承担。对于市水利局预先垫付的治理费用，采石公司必须支付，不得推诿、拒绝。

第五节 水污染防治管理

一、水污染防治概述

水资源短缺、洪涝灾害、水土流失、水污染是中国面临的主要水问题。如果说前三类水问题是由自然因素和人为因素共同造成的，有些方面以自然因素为主，那么水污染完全是由人为因素造成的，是现代工业文明和农业文明的副产品之一。目前，水污染对国民经济和生态环境的危害已经是不亚于水旱灾害和水土流失，从某种意义上可以说危害更为严重。所以，水污染防治是保护水资源、保护水环境的一项极为重要和十分紧迫的任务。

（一）水污染

1. 水污染的定义与污染物来源

（1）水污染的定义。

水污染是指水体因某些物质的介入，致使其化学、物理、生物或者放射性等方面特性的改变，从而影响水的有效利用，危害人体健康或者破坏生态环境，造成水质恶化的现象。

（2）污染物来源。

造成水污染的污染物主要来源于工业废水、生活污水、农田排水，以及通过其他途径进入水体的有毒、有害物质。

1）工业废水。工业废水是工业生产过程中排放的废水、废液。工业废水成分复杂，往往含有大量有毒、有害物质。一般分为三种类型：

a）含无机物的工业废水。这类工业废水主要是冶金、建材、无机化工排放的废水。

b）含有机物的工业废水。这类工业废水主要是食品、塑料、制革、炼油、石油化工等工业企业排放的废水。

c）兼含无机物和有机物的工业废水。这类工业废水主要是炼焦、化肥、造纸、合成橡胶、制药、人造纤维等工业企业排放的废水。

2）生活污水。生活污水是指人们在日常生活中排出的厨房、盥洗、冲厕所和其他污水的混合液。生活污水的成分也比较复杂，可以分为悬浮物质和溶解物质两大类。

a）悬浮物质。生活污水的悬浮物质一般含有泥沙、矿物质、各种有机物、胶体，以及淀粉、糖、纤维素、蛋白质、脂肪、油类、洗涤剂等高分子物质。

b）溶解物质。生活污水中的溶解物质主要有各种氮化合物、磷酸盐、硫酸盐、氯化物、尿素和其他有机物分解后的产物。

此外，生活污水还含有多种微生物、细菌和各种病原体等。

3）农田排水。农田排水是指农田灌溉水通过土壤渗透或通过排水通道进入地表水或地下水体的农业退水。在原始农业状态下，农田排水只是将土壤中的盐分和有机物带入地表水或地下水水体。在现代农业生产中，由于化肥和农药的大量使用，溶解在水中或残留

在土壤中的化肥和农药就会随着农田排水进入地表或地下水体。现代大型禽畜养殖场的发展，也会把大量禽畜粪便和其他有机物输入地表和地下水体。此外，坡耕地的土壤流失会把大量的泥沙、盐分、矿物质和有机物带入江河湖库。

(3) 污染源的类型。

1) 点源污染。点源污染一般指有确定的空间位置、污染物数量大且比较集中的污染源，可以是一座城市、一个大型工矿企业、大型养殖场，也可以指一个具体的排污口。点源污染量大而集中，易于形成比较集中的污染区、污染带，是水体、水域污染的主要来源。此外，点源污染一般也比较容易监测和控制。

2) 面源污染。面源污染也称为非点源污染，一般指没有确切的空间位置，污染物以相对分散的方式进入地表水或地下水水体，一般难以监测和控制。面源污染主要来自农田排水和江河湖库周边地旁堆积的各种垃圾和有害有毒物质。风力和强降雨是造成面源污染的主要外力，主要污染物是氮、磷、农药等。特别是大风、暴雨和洪涝灾害通常会把大量的污染物质带入水体，污染水环境。由于面源污染范围大而分散，定量监测和污染防治都比较困难。

3) 内源污染。内源污染是指污染物进入水体后，经过长期的积累沉淀、附着，缓慢而持久地向水体扩散有毒有害物质，形成水环境的二次污染，从而比面源污染更难于监测和防治，一般只能通过清淤挖除底泥予以消除，但治理成本十分昂贵。

2. 水污染的分类

(1) 无机毒物污染。

无机毒物污染主要指重金属污染，即各种比重大于4的金属元素及其化合物对水体的污染，其中危害最大的是汞、镉、铅、铬等金属元素及化学性质与金属相似的砷元素。

重金属在水中不能被微生物分解，影响重金属在水体中浓度变化的物理化学反应形式主要有沉淀和溶解、吸附与解吸、氧化与还原等。重金属通过化学反应生成硫化物、磷酸盐、碳酸盐等难溶物质而沉淀，大量积聚在排污口附近的底泥中，成为长期的二次污染源。重金属还能被水中的黏土矿物、腐殖质、胶体所吸附，随水体移动或随悬浮物沉降。重金属污染一旦形成，一般都很难消除。重金属污染对人体和其他生物的危害主要有以下三个方面：

1) 饮用水污染。饮用水中只要有微量重金属，就会对人体产生毒性。一般重金属在饮用水中的浓度只要达到1～10mg/L，就会对人体产生毒性效应，汞和镉等重金属甚至只要达到0.1～1mg/L的浓度就会使人体受到毒害。

2) 生物放大效应。原本低浓度的重金属可通过藻类-浮游动物-鱼类-鸟类（水禽）的食物链而产生生物放大效应，浓缩倍数可达成千上万倍甚至几十万倍。例如，20世纪60年代，美国科学家曾对图尔湖一带的生物放大效应进行了研究。结果表明，原来湖水中的DDT（双对氯苯基三氯乙烷）浓度经过藻类-浮游生物-无脊椎动物-鱼类-鸟类的食物链浓缩放大，最后在鸟类脂肪中的DDT浓度已放大到6万倍。人类如果食用这种鱼类或水禽，就会受到严重毒害。

20世纪60年代，在日本富山县神道川，由于上游一家炼锌厂排出的废水中含镉，经食物链放大后进入人体，引起骨质软化和骨疾病，先后流行20多年，造成200多人死亡。

3）毒性增强效应。某些重金属在一定的外界条件下，可通过化学反应变成毒性更强的化合物，从而对人体健康构成更加严重的威胁。例如，汞是一种毒性很大的重金属，废水中的汞在微生物及其他因素作用下，会变成毒性更大的甲基汞。甲基汞通过饮用水和食物链进入人体后就很难经代谢排出体外，而是聚集在肝、肾、脑等重要器官中，严重损害肝、肾功能和脑神经。20 世纪 50 年代，在日本九州熊本县水俣镇流行的“水俣病”，就是由于含汞废水排入水俣湾，进而变成毒性更大的甲基汞，甲基汞进入人体或动物体内，就会出现“水俣病”的症状，如神经麻痹、全身震颤，直至疯狂而死。

（2）有机毒物污染。

有机毒物是指含有生物毒性的有机污染物，如酚类化合物、有机农药和其他有机毒物。这些有机毒物能引起人体急慢性中毒，有的还能致癌或导致胎儿畸形、遗传基因变异等。有机毒物大部分都是人工合成的高分子有机物，结构稳定、毒性持久，在自然环境中很难降解，从而对环境安全构成潜在的长期危害。

1）酚类化合物。酚类化合物主要来自煤和木材的干馏，炼油厂、化工厂、饲料场、生活污水、农药等有机物的水解、化学氧化和生物降解。酚类化合物分为挥发性酚和不挥发酚两类，其中挥发性酚的毒性及其对生态环境的危害远大于不挥发酚，通常以测定挥发性酚为主。酚类化合物能使水体带酚味，使鱼类逃逸，鱼肉带酚味，严重的能造成鱼类大量死亡。所以饮用水和渔业用水对酚类化合物的含量要求很严。

2）有机农药。有机农药包括杀虫剂、杀菌剂、除草剂等，其学成分可分为有机氯、有机磷、有机汞三大类。有机氯和有机汞类农药结构稳定，毒性残留时间长，不易生物降解，对生态环境危害比较大，现已限用或禁用。有机磷农药相对比较容易分解，但对人畜的危害仍是比较严重的。

3）其他有机毒物。多氯联苯、多环芳烃、芳香族氨基化合物，以及各种人工合成的高分子化合物如塑料、合成橡胶、人造纤维等，一般都含有多种毒性，且结构稳定、不易降解，容易在环境中积累，对生态环境造成危害。

（二）水污染防治

20 世纪 80 年代以来，随着工业化、城市化快速发展，全国用水量和废污水排放量持续增长。特别是乡镇企业的迅速发展，在加快农村经济发展、吸纳农村剩余劳动力，提高城镇化水平等方面功不可没，但由于乡镇企业大多属于高耗能、高耗水、重污染的中小企业，废水排放量占全国工业废水的 30%以上，绝大部分都未经处理直接排入江河湖泊，对水环境造成严重污染。同时，农业生产中化肥、农药用量不断增加，大型禽畜养殖场大量发展，面源污染不断加剧，面源污染对水环境的危害性已经与点源污染大致相当。在水污染不断加剧的同时，水污染防治相对滞后，致使近 20 年来的水环境状况呈不断恶化的趋势，全国主要江河流域的地表水和地下水普遍受到不同程度的污染，水污染事故和水污染纠纷经常发生。

水污染防治包括水污染预防和水污染治理。根据水污染的特点和多年来水污染治理的经验，水污染防治必须坚持预防为主、源头控制、防治结合的方针，从源头上控制和减少污染物的产生。

1. 水污染预防

（1）点源污染的预防。

点源污染主要来自工业废水、生活污水和大型养殖场，应分别采取不同的预防措施。

1）工业水污染的预防。

a）节水减污。大力发展节水减污型工业，优化产业结构，提高工业用水重复利用率，降低单位产品和单位产值用水量，减少废污水总量。

b）清洁生产。清洁生产是新形势下防治工业污染的新战略。清洁生产是在清洁工艺、无废和少废工艺的基础上发展起来的，突出了节约资源、保护环境的理念，以节能、降耗、减污为目标，以管理、技术为手段，实施工业污染的源头控制和全过程控制，使工业污染物的产生量和排放量达到最小化。

c）提高工业废水处理率和达标排放率。坚持工业废水处理设施的“三同时”原则，不断提高工业废水处理率和达标排放率。

2）城市生活水污染的预防。

a）节水减污。合理调整水价和污水处理费，全面实行阶梯式水价，通过节水减少生活污水总量。

b）提高全社会环保意识。加大舆论宣传力度，提高全社会对水污染危害性的认识，自觉减少有毒有害物质进入下水道的数量。

c）提高城市污水处理率和达标排放率。加大城市污水集中处理设施建设力度，大幅度提高污水处理率、达标排放率，有条件的城市推行污水深度处理和中水回用，减少进入水环境的污染物总量。

3）禁止含磷洗衣粉。全面禁止含磷洗衣粉，防止水体富营养化的发生。

（2）面源污染的预防。

1）加大水土保持力度，防止土壤和营养物质流失。

2）严格控制化肥、农药的用量，减少面源污染的来源。

3）发展节水灌溉，减少用水浪费，防止污染物进入水体。

4）大力发展生态农业、绿色农业，全面减少各类污染物的产生。

5）合理控制污水灌溉。

2. 水污染治理

水污染治理包含两个方面的含义：一是污水处理；二是对已经受到污染的水环境进行治理和恢复。污水是造成水环境污染的源头，所以污水处理是关键。

（1）污水处理方法。

工业废水、生活污水所含的污染物质种类繁多，处理难度差别很大，目前的处理方法通常有物理法、化学法、生物法、物理化学法等。

1）物理法。物理处理法是通过物理作用，分离、回收污水中不溶解的呈悬浮态的污染物质（包括油膜和油珠）的污水处理法。根据物理作用的不同，又可分为重力分离法、离心分离法和筛滤法等。

2）化学法。化学处理法是通过化学反应来分离、去除废水中呈溶解态、胶体态的污染物质或将其转化为无害物质的污水处理法。

3）生物法。生物处理法是通过微生物的代谢作用，使废水中呈溶解态，胶体态以及微细悬浮状态的有机污染物质转化为稳定物质的污水处理方法。根据起作用的微生物不同，生物处理法又可分为好氧生物处理法和厌氧生物处理法，如活性污泥法、生物膜法、厌氧生物处理法、生物脱氮除磷技术等。

4）物理化学法。物理化学法是利用物理化学作用去除污水中的污染物质的污水处理法。主要有吸附法、离子交换法、膜分离法、萃取法、汽提法和吹脱法等，如混凝、吸附、化学氧化还原、气浮、过滤、电渗析、反渗透、超滤、离子交换、电解等。

(2）污水处理分级。

现代废水处理技术，按处理程度可划分为一级处理、二级处理和三级处理。

1）一级处理。一级处理也叫机械处理，主要采用物理法和化学法除去污水中的悬浮物和可沉降物，调节污水的 pH 值，减轻污水的腐化程度，然后加氯消毒后排放。按这种污水处理流程建设的污水处理厂称为一级处理厂。一级处理一般作为二级处理的预处理。

2）二级处理。污水经过一级处理后，再采用生物化学法除去其中的大量有机污染物，生化处理是污水二级处理的主要方法和工艺。

3）三级处理。三级处理是在一级、二级处理的基础上，对难降解的有机物、氮、磷等营养性物质进行进一步处理。

废水中的污染物组成相当复杂，往往需要采用几种方法的组合流程才能达到处理要求。对于某种废水，采用哪几种处理方法组合，要根据废水的水质、水量，回收其中有用物质的可能性，经过技术和经济的比较后才能决定，必要时还需进行实验。

二、排污总量控制和水质检测指标

（一）排污总量控制

1. 水污染控制的基本原则

水污染控制的基本原则，首先是从清洁生产的角度出发，改革生产工艺和设备，减少污染物，防止污水外排，进行综合利用和回收。必须外排的污水，其处理方法依水质和要求而异。

2. 污染物总量控制基本概念

(1）污染物总量控制的概念。

所谓总量控制，是在污染严重、污染源集中的区域（流域）或重点保护的区域（流域）范围内，在研究确定其环境容量或最大允许纳污量的基础上，通过合理的分配方式将其分配至各排污源，并采取有效措施把该区域（流域）的污染物排放总量控制在环境容量或最大允许纳污量之内，使其达到预定环境目标（水功能区要求的水质目标）的一种控制手段。

(2）总量控制的本质。

宏观总量控制规划的本质是研究规划区污染物的产生、治理、排放规律和保护资金的需求与经济、人口发展的协调关系，以便从宏观上定量地把握经济、人口发展对水资源的影响，提出保护对策，促使水资源的永续利用和社会经济与环境的协调发展。

容量总量控制规划的本质是研究规划区水域在满足社会、经济和生态环境对水资源质

量要求的前提下，水体所能容纳污染物质的量。

污染源与水功能区划的水量、水质目标是水资源保护规划的两个对象。规划的主要任务是建立规划对象之间的两个定量关系。

第一个定量关系是污染源排放量与水资源保护区（水功能区、流域河段等）水质状况之间的输入-响应关系。

第二个定量关系是为实现某一水质目标，在限定的时间、投资和技术条件下，制定防治费用最小的优化决策方案。

前一个定量关系的建立需要认识水体同化自净规律、水体纳污能力、污染物迁移转化规律等，属于认识和理解自然规律阶段；后一个定量关系的建立需要研究技术经济约束、管理措施与工程效益等问题，属于改造自然阶段，也是规划目的体现。

在这一全过程中，考察污染源的指标是污染物排放总量，衡量水质目标的指标是水域污染物浓度。前半部分的定量化工具是各类数学模型，后半部分的定量化工具是技术，经济优化模型。

（3）总量控制的类型。

1）容量总量控制。自受纳水域允许纳污量出发，制订排放口总量控制负荷指标的总量控制类型。主要步骤为：受纳水域允许纳污量→控制区域容许排污量→总量控制方案技术、经济评价→排放口总量控制负荷指标。

2）目标总量控制。自控制区域容许排污量控制目标出发，制订排放口总量控制负荷指标的总量控制类型。主要步骤为：控制区域容许排污量→总量控制方案技术、经济评价→排放口总量控制负荷指标。

3）行业总量控制。自总量控制方案技术、经济评价出发，制订排放口总量控制负荷指标的总量控制类型。主要步骤为：总量控制方案技术、经济评价→排放口总量控制负荷指标。

4）三种总量控制类型的相互关系。容量总量控制以水质标准为控制基点，以污染源可控性、环境目标可达性两个方面进行总量控制负荷分配。目标总量控制以排放限制为控制基点，从污染源可控性研究入手，进行总量控制负荷分配。行业总量控制以能源、资源合理利用为控制基点，从最佳生产工艺和实用处理技术两方面进行总量控制负荷分配。

（二）水质检测指标

生活饮用水水质的优劣与人类健康密切相关。随着社会经济发展、科学进步和人民生活水平的提高，人们对生活饮用水的水质要求不断提高，饮用水水质标准也相应地不断发展和完善。由于生活饮用水水质标准的制定与人们的生活习惯、文化、经济条件、科学技术发展水平、水资源及其水质现状等多种因素有关，不仅各国之间，而且同一国家的不同地区之间，对饮用水水质的要求都存在着差异。

饮用水主要考虑对人体健康的影响，其水质标准除有物理指标、化学指标外，还有微生物指标；对工业用水则考虑是否影响产品质量或易于损害容器及管道。检测指标如下：

（1）色度。饮用水的色度如大于15度时多数人即可察觉，大于30度时人感到厌恶。标准中规定饮用水的色度不应超过15度。

（2）浑浊度。为水样光学性质的一种表达语，用以表示水的清澈和浑浊的程度，是衡量水质良好程度的最重要指标之一，也是考核水处理设备净化效率和评价水处理技术状态的重要依据。浑浊度的降低就意味着水体中的有机物、细菌、病毒等微生物含量减少，这不仅可提高消毒杀菌效果，又利于降低卤化有机物的生成量。

（3）臭和味。水臭的产生主要是有机物的存在，可能是生物活性增加的表现或工业污染所致。公共供水正常臭味的改变可能是原水水质改变或水处理不充分的信号。

（4）肉眼可见物。主要指水中存在的、能以肉眼观察到的颗粒或其他悬浮物质。

（5）余氯。余氯是指水经加氯消毒，接触一定时间后，余留在水中的氯量。在水中具有持续的杀菌能力可防止供水管道的自身污染，保证供水水质。

（6）化学需氧量。化学需氧量是指化学氧化剂氧化水中有机污染物时所需氧量。化学耗氧量越高，表示水中有机污染物越多。水中有机污染物主要来源于生活污水或工业废水的排放、动植物腐烂分解后流入水体产生的。

（7）细菌总数。水中含有的细菌，来源于空气、土壤、污水、垃圾和动植物的尸体，水中细菌的种类是多种多样的，其包括病原菌。我国规定饮用水的标准为1mL水中的细菌总数不超过100个。

（8）总大肠菌群。总大肠菌群是粪便污染的指标菌，可以表示水中有否粪便污染及其污染程度。在水的净化过程中，通过消毒处理后，总大肠菌群指数如能达到饮用水标准的要求，说明其他病原体原菌也基本被杀灭。标准是在检测中不超过3个/L。

（9）耐热大肠菌群。它比大肠菌群更贴切地反应食品受人和动物粪便污染的程度，也是水体粪便污染的指示菌。

三、水污染防治的规划与管理

（一）水污染防治的规划

《水污染防治法》的第十五条规定：防治水污染应当按流域或者按区域进行统一规划。国家确定的重要江河、湖泊的流域水污染防治规划，由国务院环境保护主管部门会同国务院经济综合宏观调控、水行政等部门和有关省、自治区、直辖市人民政府编制，报国务院批准。

前款规定外的其他跨省、自治区、直辖市江河、湖泊的流域水污染防治规划，根据国家确定的重要江河、湖泊的流域水污染防治规划和本地实际情况，由有关省、自治区、直辖市人民政府环境保护主管部门会同同级水行政等部门和有关市、县人民政府编制，经有关省、自治区、直辖市人民政府审核，报国务院批准。

省、自治区、直辖市内跨县江河、湖泊的流域水污染防治规划，根据国家确定的重要江河、湖泊的流域水污染防治规划和本地实际情况，由省、自治区、直辖市人民政府环境保护主管部门会同同级水行政等部门编制，报省、自治区、直辖市人民政府批准，并报国务院备案。

经批准的水污染防治规划是防治水污染的基本依据，规划的修订须经原批准机关批准。

县级以上地方人民政府应当根据依法批准的江河、湖泊的流域水污染防治规划，组织制定本行政区域的水污染防治规划。

（二）水污染防治的管理

1. 水污染防治监督与管理体制

《水污染防治》的第八条规定了我国的水污染防治管理体制，即实行统一管理与分级、分部门管理相结合的体制。

统一管理是指由国家各级环境保护部门统一行使水污染防治监督与管理职权，即由国家环境行政主管部门和地方各级人民政府的环境行政主管部门对水污染防治实施统一的监督与管理。

分级管理是指在国家环境行政主管部门的统一领导下，地方各级人民政府的环境行政主管部门在各自的行政区域内依法独立行使水污染防治监督与管理职权，或者水事法律、法规授权的组织在其授权范围内依法独立行使水污染防治监督与管理职权。

分部门管理是指在水污染防治监督与管理过程中，不可避免地要涉及其他行业管理部门，因此，需要这些部门的通力协助。《水污染防治法》第八条在第二款、第三款中分别作出了规定，即交通主管部门的海事管理机构对船舶污染水域的防治实施监督管理；县级以上人民政府水行政、国土资源、卫生、建设、农业、渔业等部门以及重要江河、湖泊的流域水资源保护机构，在各自的职责范围内，对有关水污染防治实施监督管理。

2. 水污染防治监督与管理原则

《水污染防治法》规定了水污染防治监督与管理的基本原则，其具体内容主要有：

（1）水污染防治监督与管理应当按照流域或者区域进行统一规划的原则。从全国范围内来看，流域水污染和水域、水质的恶化问题已经十分突出，跨行政区域的流域污染问题以及纠纷更是层出不穷而且久拖不决，随着大中城市需水量的不断增长，跨行政区域的引水逐渐成为解决这一问题的有效方式，但是由于水体特有的性质，即流动性，以前单纯按照行政区域实行水污染防治监督与管理的体制已经不能有效解决迅速发展的跨行政区域的流域、区域水污染问题。为了协调好江河、湖泊的跨行政区域的水污染防治问题，必须建立和完善按照流域或区域进行统一规划的法律制度。通过江河、湖泊流域防治规划，明确各级地方人民政府在水污染防治工作中的责任，即保护水环境质量的责任，将江河、湖泊水污染防治问题与流域的水环境保护目标和任务同样纳入地方人民政府的国民经济和社会发展计划。为此，《水污染防治法》第十五条规定，防治水污染应当按照流域或者按区域进行统一规划。

（2）水污染防治监督与管理应当与水资源开发利用相结合的原则。尽管导致水污染的主要因素是大量向水体排放污染物，但是，人为的不合理的开发利用和调节、调度水资源，同样会导致水污染的发生，如盲目兴建水库和过度开采地下水，都会使水体总量减少，降低水体的自净能力，加剧水污染的发生与程度。为此，《水污染防治法》第十六条规定，开发、利用和调节、调度水资源时，应当统筹兼顾，维持江河的合理流量和湖泊、水库以及地下水体的合理水位，维护水体的生态功能。

（3）水污染防治与预防并重的原则。我国水污染的主要原因是工业企业大量排放废水和有毒、有害污染物，而工业布局不合理和企业技术落后又是造成企业大量排放污染物和废水的主要因素，因此防治水污染必须与工业企业的合理布局和企业的技术改造相结合，为此，《水污染防治法》第四十条规定：“国务院有关部门和县级以上地方人民政府应当合理规划工业布局，要求造成水污染的企业进行技术改造，采取综合防治措施，提高水的重复利用率，减少废水和污染物排放量。”

此外，为了防止新建、改建、扩建的建设项目和其他人为活动对水资源的污染，《水污染防治法》第十七条规定了环境影响评价制度和“三同时”制度。所谓环境影响评价制度，是指建设项目的建设者必须向有关的水污染防治主管部门提交该建设项目的环境影响评价报告书，载明建设项目可能产生的水污染和对生态环境的影响作出评价，拟采取的防治措施等内容。所谓“三同时”制度，是指建设项目中的水污染防治措施必须与主体工程同时设计、同时施工、同时投入使用。在投入使用前应当经水污染防治主管部门的检验，达不到要求的，不得投入使用。

（4）全社会共同参与的原则。水污染是一个严重的环境问题，涉及整个社会的利益，需要社会各界和全体社会民众的共同参与。《水污染防治法》第十条“任何单位和个人都有义务保护水环境，并有权对污染损害水环境的行为进行检举”的规定赋予了公民个人和社会各界参与水污染防治的权利，为公民个人和社会各界参与水污染防治提供了相应的法律依据。

3. 水污染防治监督与管理内容

（1）制定水环境标准。

1）水环境标准的制定主体。

关于水环境质量标准的制定主体，当然包括水质标准和水污染物排放标准，《水污染防治法》第十一条、第十二条、第十三条作出了明确的规定：

国务院环境保护部门制定国家水环境质量标准。省、自治区、直辖市人民政府可以对国家水环境标准中未规定的项目，制定地方补充标准，并报国务院环境保护部门备案。

国务院环境保护部门根据国家水环境质量标准和国家经济、技术条件，制定国家污染物排放标准。省、自治区、直辖市人民政府对国家水污染物排放标准中未作规定的项目，可以制定地方水污染物排放标准；对国家水污染物排放标准中已作规定的项目，可以制定严于国家水污染物排放标准的地方水污染物排放标准。地方水污染物排放标准须报国务院环境保护部门备案。向已有地方水污染物排放标准的水体排放污染物的，应当执行地方污染物排放标准。

2）水环境标准的具体内容。

我国关于水环境标准立法开始于1973年的《工业“三废”排放试行标准》，其中最重要的立法是2002年颁布的《地表水环境质量标准》，它根据不同的标准将地表水水域分为不同的种类。根据《地表水环境质量标准》规定，地表水水域因用水目的和保护目标的不同而分为五类，分别适用五类标准：Ⅰ类水域是源头水、国家自然保护区；Ⅱ类水域是指集中式生活饮用水地表水源地一级保护区、珍稀水生生物栖息地、鱼虾类产卵场、仔稚幼鱼的索饵场等；Ⅲ类水域为集中式生活饮用水地表水源地二级保护区、鱼虾类越冬场、洄游通道、水产养殖区等渔业水域及游泳区；Ⅳ类水域为一般工业用水区及人体非直接接触的娱乐用水区；Ⅴ类水域是指农业用水区及一般景观要求水域。

a）水质标准。为了保护地面水质，我国早在1973年就颁布了《工业“三废”排放试行标准》，规定了“工业”废水的两类有害物质最高允许排放浓度。1983年城乡建设环境

保护部就造纸、制糖、石油炼制、石油开发、电影洗片、船舶、制革、合成脂肪酸、合成洗涤剂等行业颁布了“十项污染物排放标准”，因此上述行业就不再执行《工业“三废”排放试行标准》中关于废水控制部分的标准。

b）水污染物排放标准。在我国已经颁布的工业污水等排放标准中，最重要的是1988年4月5日国家环境保护局颁布的《污水综合排放标准》。该标准将废水分为两类：一类是“能够在环境或动植物体内蓄积，对人体健康产生长远不良影响者”；另一类是“长远影响小于一类污水的废水”。其中一类污水是指含汞、烷基汞、镉、铬、六价铬、砷、铅、苯并（a）芘的污水，对于此类污水，不论行业、排放方式和纳污水体，一律在车间或车间处理设施排出口取样，必须符合有关的浓度标准。二类污水在排污单位排出口取样，按纳污水体，分别适用三级不同的标准：一级标准适用于《地表水环境质量标准》中所规定的Ⅲ类水域排污者；二级标准适用于向Ⅳ类和Ⅴ类水域排污者，三级标准适用于向进入二级污水处理厂的管道排污。

（2）制定水污染防治规划。

《水污染防治法》第十五条规定了水污染防治规划的基本内容，如规划编制主体、经过批准的水污染防治规划的法律地位等。其具体内容是：首先明确了水污染防治规划的法律地位，即“经批准的水污染防治规划是防治水污染的基本依据”。其次明确了不同地位的江河、湖泊水污染防治规划的编制主体：对于国家确定的重要江河、湖泊的流域水污染防治规划，由国务院环境保护主管部门会同国务院经济综合宏观调控、水行政等部门和有关省、自治区、直辖市人民政府编制，报国务院批准。其他跨省、自治区、直辖市江河、湖泊的流域水污染防治规划结合本地实际情况，由有关省、自治区、直辖市人民政府环境保护主管部门会同同级水行政等部门和有关市、县人民政府编制，经有关省、自治区、直辖市人民政府审核，报国务院批准。跨县不跨省的其他江河、湖泊的流域水污染防治规划由省、自治区、直辖市人民政府批准后报国务院备案。最后明确了水污染防治规划内容的实施主体：县级以上地方人民政府应当根据依法批准的江河、湖泊的流域水污染防治规划，组织制定本行政区域的水污染防治规划。

（3）水污染防治的监督与管理。

水污染防治的监督与管理是通过一系列的防治制度，如环境影响评价制度和“三同时”制度、重点污染物排放总量控制制度等，以及突发性事件的应急措施，现场检查等方式而体现出来。其具体内容如下。

1）对重要用水及其水源地的保护。对重要用水及其水源地的保护，是通过划定地表保护区和保护地下水源而实现的。保护区有以下两类：

a）划定生活饮用水地表水源保护区。随着水污染物排放量的迅速增加，以及水污染由城市向广大农村蔓延，对生活饮用水水源构成越来越严重的威胁，因此加强对饮用水水源地的保护已经成为关系国民健康和国民经济与社会发展的一个重大问题。为了保护生活饮用水水体，1989年7月12日国家环境保护局等联合发布了《饮用水水源保护区污染防治管理规定》。根据该规定，对集中式供水的饮用水地表水源和地下水源，应按不同的水质标准和防护要求划定保护区（分为一级保护区、二级保护区和标准保护区）；应规定保护区水体水质标准并限期达标；在地表水水源保护区内，禁止从事一切破坏环境生态平衡的活动，禁止倾倒废渣、垃圾和其他废弃物，禁止运输有毒物质、油类、粪便和车船进入，禁止用剧毒和高残留农药；在地下水水源保护区内，禁止新设排污口，已设的必须拆除；禁止堆放废渣、垃圾、粪便和其他废弃物。《水污染防治法》第五十六条规定：国家建立饮用水水源保护区制度。饮用水水源保护区分为一级保护区和二级保护区；必要时，可以在饮用水水源保护区外围划定一定的区域作为准保护区。有关地方人民政府应当在饮用水水源保护区的边界设立明确的地理界标和明显的警示标志。第五十七条规定：在饮用水水源保护区内，禁止设置排污口。第五十八条规定：禁止在饮用水水源一级保护区内新建、改建、扩建与供水设施和保护水源无关的建设项目；已建成的与供水设施和保护水源无关的建设项目，由县级以上人民政府责令拆除或者关闭。禁止在饮用水水源一级保护区内从事网箱养殖、旅游、游泳、垂钓或者其他可能污染饮用水水体的活动。第五十九条规定：禁止在饮用水水源二级保护区内新建、改建、扩建排放污染物的建设项目；已建成的排放污染物的建设项目，由县级以上人民政府责令拆除或者关闭。在饮用水水源二级保护区内从事网箱养殖、旅游等活动的，应当按照规定采取措施，防止污染饮用水水体。此外，第六十一条还规定：县级以上地方人民政府应当根据保护饮用水水源的实际需要，在准保护区内采取工程措施或者建造湿地、水源涵养林等生态保护措施，防止水污染物直接排入饮用水水体，确保饮用水安全。

b）划定其他重要用水保护区。《水污染防治法》第六十四条规定：县级以上人民政府可以对风景名胜区水体、重要渔业水体和其他具有特殊经济文化价值的水体划定保护区，并采取措施，保证保护区的水质符合规定用途的水环境质量标准。

2）贯彻落实环境影响评价制度和“三同时”制度。《水污染防治法》第十七条规定了环境影响评价制度和“三同时”制度，即新建、扩建、改建直接或者间接向水体排放污染物的建设项目和其他水上设施，必须遵守环境影响评价制度和“三同时”制度。

建设项目的环境影响报告书，必须对建设项目可能产生的水污染和对生态环境的影响作出评价，规定防治的措施，按照规定的程序报经有关环境保护部门审查批准。在运河、渠道、水库等水利工程内设置排污口，应当经过有关水利工程管理部门同意。

建设项目中防治水污染的设施，必须与主体工程同时设计、同时施工、同时投产使用。防治水污染的设施必须经过环境保护部门检验，达不到规定要求的，该建设项目不准投入生产或者使用。

环境影响报告书中，应当有该建设项目所在地单位和居民的意见。

3）关于排放污染物的管理规定。

《水污染防治法》第十八条、第二十条、第二十一条、第二十四条等分别规定了重点污染物排放的总量控制制度、排污许可制度、排污申报登记制度、排污收费制度和城市污水集中处理制度等。

a）重点污染物排放的总量控制制度。为了控制污染物的排放量，减轻对水环境的污染压力，《水污染防治法》第十八条规定了重点污染物排放的总量控制制度。该条规定：国家对重点水污染物排放实施总量控制制度。省、自治区、直辖市人民政府应当按照国务院的规定削减和控制本行政区域的重点水污染物排放总量，并将重点水污染物排放总量控制指标分解落实到市、县人民政府。市、县人民政府根据本行政区域重点水污染物排放总

量控制指标的要求，将重点水污染物排放总量控制指标分解落实到排污单位。具体办法和实施步骤由国务院规定。省、自治区、直辖市人民政府可以根据本行政区域水环境质量状况和水污染防治工作的需要，确定本行政区域实施总量削减和控制的重点水污染物。对超过重点水污染物排放总量控制指标的地区，有关人民政府环境保护主管部门应当暂停审批新增重点水污染物排放总量的建设项目的环境影响评价文件。

b）排污许可制度与排污申报登记制度。《水污染防治法》第二十条规定：国家实行排污许可制度。直接或者间接向水体排放工业废水和医疗污水以及其他按照规定应当取得排污许可证方可排放的废水、污水的企业事业单位，应当取得排污许可证。1988 年 3 月国家环境保护局发布的《关于水污染物排放许可证管理暂行办法》对排污申报登记和排污许可制度作了进一步规定，即凡向陆地水排放污染物的，均应在规定的时间内办理排污申报登记手续；环境保护行政主管部门可对某些重点污染源实行许可证管理，采用总量控制办法，对达标者颁发“排污许可证”，对未达标的，颁发“临时排污许可证”并限期削减排污量；许可证权限为 5 年以下，临时许可证为 2 年；持临时排污许可证的应定期报告削减排污量的进度情况；违反许可证超标排污的，可以中止或吊销许可证。

当然，排放水污染的种类、数量和浓度有重大改变的，应当事先报所在地的县级以上地方人民政府批准。《水污染防治法》第二十一条规定：直接或者间接向水体排放污染物的企业事业单位和个体工商户，应当按照国务院环境保护主管部门的规定，向县级以上地方人民政府环境保护主管部门申报登记拥有的水污染物排放设施、处理设施和在正常作业条件下排放水污染物的种类、数量和浓度，并提供防治水污染方面的有关技术资料。企业事业单位和个体工商户排放水污染物的种类、数量和浓度有重大改变的，应当及时申报登记；其水污染物处理设施应当保持正常使用；拆除或者闲置水污染物处理设施的，应当事先报县级以上地方人民政府环境保护主管部门批准。

c）排污收费制度。在《水污染防治法》颁布实施前，我国对水污染实行的是仅对超标准排污单位征收排污费，对不超标的就不需要缴纳排污费，《水污染防治法》第二十四条的规定改变了这种状况，重新作出排污收费的规定，即直接向水体排放污染物的企业事业单位和个体工商户，应当按照排放水污染物的种类、数量和排污费征收标准缴纳排污费。该条规定说明了排污单位只要向水体排放污染物，即使没有超过国家或者地方规定的排污标准，仍然应依法缴纳排污费，主要是针对我国水污染日趋严重的情况而作出的。

d）城市污水集中处理制度。城市是人口、交通和经济发达的地区，对水资源的需要量大，当然所排放的污水量同样大。我国城市水环境保护的基础设施十分薄弱，城市的污水处理能力很差，大量的污水未经处理即排入江河、湖泊，尤其是近年来我国经济的飞速发展，城市的数量与规模也急剧扩展，城市所排放的污水总量成倍增长，而城市排水管网和污水处理设施远远跟不上城市的发展，加上已经兴建的污水处理厂由于管网不配套、运行费用没有保障等，有的实际上已经形同虚设。按照国际上通行的“污染者负担”原则，建立有关城市污水处理设施和污水处理收费与管理制度，是控制水污染、改善水环境的迫切要求。对此，《水污染防治法》第二十条作出了规定：城镇污水集中处理设施的运营单位，也应当取得排污许可证。第四十四条规定：城镇污水应当集中处理。县级以上地方人民政府应当通过财政预算和其他渠道筹集资金，统筹安排建设城镇污水集中处理设施及配套管网，提高本行政区域城镇污水的收集率和处理率。国务院建设主管部门应当会同国务院经济综合宏观调控、环境保护主管部门，根据城乡规划和水污染防治规划，组织编制全国城镇污水处理设施建设规划。县级以上地方人民政府组织建设、经济综合宏观调控、环境保护、水行政等部门编制本行政区域的城镇污水处理设施建设规划。县级以上地方人民政府建设主管部门应当按照城镇污水处理设施建设规划，组织建设城镇污水集中处理设施及配套管网，并加强对城镇污水集中处理设施运营的监督管理。城镇污水集中处理设施的运营单位按照国家规定向排污者提供污水处理的有偿服务，收取污水处理费用，保证污水集中处理设施的正常运行。向城镇污水集中处理设施排放污水、缴纳污水处理费用的，不再缴纳排污费。收取的污水处理费用应当用于城镇污水集中处理设施的建设和运行，不得挪作他用。第四十五条还规定：向城镇污水集中处理设施排放水污染物，应当符合国家或者地方规定的水污染物排放标准。城镇污水集中处理设施的出水水质达到国家或者地方规定的水污染物排放标准的，可以按照国家有关规定免缴排污费。城镇污水集中处理设施的运营单位，应当对城镇污水集中处理设施的出水水质负责。环境保护主管部门应当对城镇污水集中处理设施的出水水质和水量进行监督检查。

4）对工业企业排放污染物的规定。

对工业企业排放污染物的管理是通过治理与预防来实现的，对工业企业的预防则是在于认真贯彻、落实环境影响评价制度和“三同时”制度，对工业企业的治理也是通过建立、实施强制淘汰落后设备、禁止新建严重污染的工业企业等制度来实现的。

a）先进的设备不仅生产效益高，而且对环境污染少；落后的设备则刚好相反，不仅生产效益低下，而且对环境有严重的污染，《水污染防治法》第四十一条规定了强制淘汰落后设备的内容，即国家对严重污染水环境的落后工艺和设备实行淘汰制度。国务院经济综合宏观调控部门会同国务院有关部门，公布限期禁止采用的严重污染水环境的工艺名录和限期禁止生产、销售、进口、使用的严重污染水环境的设备名录。生产者、销售者、进口者或者使用者应当在规定的期限内停止生产、销售、进口或者使用列入前款规定的设备名录中的设备。工艺的采用者应当在规定的期限内停止采用列入前款规定的工艺名录中的工艺。第四十三条规定：企业应当采用原材料利用效率高、污染物排放量少的清洁工艺，并加强管理，减少水污染物的产生。同时还规定，依法被淘汰的设备，不得再转让予他人使用。

b）禁止新建严重污染环境的工业企业。为了维护环境的清洁，使其免受污染物的污染，《水污染防治法》第四十二条规定了禁止新建严重污染环境的工业企业的制度，即国家禁止新建不符合国家产业政策的小型造纸、制革、印染、染料、炼焦、炼硫、炼砷、炼汞、炼油、电镀、农药、石棉、水泥、玻璃、钢铁、火电以及其他严重污染水环境的生产项目。

c）限期治理制度。为了加强对水污染的管理，《水污染防治法》第七十四条规定了限期治理法律制度，即违反本法规定，排放水污染物超过国家或者地方规定的水污染物排放标准，或者超过重点水污染物排放总量控制指标的，由县级以上人民政府环境保护主管部门按照权限责令限期治理……限期治理期间，由环境保护主管部门责令限制生产、限制排放或者停产整治。限期治理的期限最长不超过一年；逾期未完成治理任务的，报经有批准权的人民政府批准，责令关闭。

5）突发水污染事件的应急处理。

在水资源开发利用过程中，有的时候会发生突然的水污染事故，为此，《水污染防治法》第六章专章规定了“水污染事故处置”。第六十六条规定：各级人民政府及其有关部门，可能发生水污染事故的企业事业单位，应当依照《中华人民共和国突发事件应对法》的规定，做好突发水污染事故的应急准备、应急处置和事后恢复等工作。第六十七条规定：可能发生水污染事故的企业事业单位，应当制定有关水污染事故的应急方案，做好应急准备，并定期进行演练。生产、储存危险化学品的企业事业单位，应当采取措施，防止在处理安全生产事故过程中产生的可能严重污染水体的消防废水、废液直接排入水体。第六十八条规定：企业事业单位发生事故或者其他突发性事件，造成或者可能造成水污染事故的，应当立即启动本单位的应急方案，采取应急措施，并向事故发生地的县级以上地方人民政府或者环境保护主管部门报告。环境保护主管部门接到报告后，应当及时向本级人民政府报告，并抄送有关部门。造成渔业污染事故或者渔业船舶造成水污染事故的，应当向事故发生地的渔业主管部门报告，接受调查处理。其他船舶造成水污染事故的，应当向事故发生地的海事管理机构报告，接受调查处理；给渔业造成损害的，海事管理机构应当通知渔业主管部门参与调查处理。

6）水污染防治现场检查制度。

为了加强对水污染的监督管理，《水污染防治法》第二十七条规定了现场检查制度，即环境保护主管部门和其他依照本法规定行使监督管理权的部门，有权对管辖范围内的排污单位进行现场检查，被检查的单位应当如实反映情况，提供必要的资料。检察机关有义务为被检查的单位保守在检查中获取的商业秘密。

四、污染防治及管理措施

（一）一般规定

1. 地表水污染的防治

地表水是相当于地下水而言的，是指江、河、湖、海、池塘、水库等陆地表面的水体。《水污染防治法》第四章、第五章、第六章共 14 条具体规定了防治地表水污染的内容：

（1）对特殊水源保护区的保护。《水污染防治法》第六十五条规定：在风景名胜区水体、重要渔业水体和其他具有特殊经济文化价值的水体的保护区内，不得新建排污口。在保护区附近新建排污口，应当保证保护区水体不受污染。

（2）对水污染突发事件的应急处理。水污染突发事件往往会给人民群众的生命财产安全和国家、社会利益造成极大的危害和损失，《水污染防治法》第六十八条规定：企业事业单位发生事故或者其他突发性事件，造成或者可能造成水污染事故的，应当立即启动本单位的应急方案，采取应急措施，并向事故发生地的县级以上地方人民政府或者环境保护主管部门报告。《水污染防治法实施细则》第十九条规定：企业事业单位造成水污染事故时，必须立即采取措施，停止或者减少排污，并在事故发生后 48 小时内，向当地环境保护部门作出事故发生的时间、地点、类型和排放污染物的种类、数量、经济损失、人员受害及应急措施等情况的初步报告。

(3) 关于禁止、限制向水体排放污染物的法律规定。

禁止向水体排放污染物的法律规定如下：

1) 禁止向水体排放油类、酸液、碱液或者剧毒废液。

2) 禁止在水体清洗装储过油类或者有毒污染物的车辆和容器。

3) 禁止向水体排放、倾倒工业废渣、城镇垃圾和其他废弃物。

4) 禁止将含有汞、镉、砷、铬、铅、氰化物、黄磷等的可溶性剧毒废渣向水体排放、倾倒或者直接埋入地下。

5) 禁止在江河、湖泊、运河、渠道、水库最高水位线以下的滩地和岸坡堆放、存储固体废弃物和其他污染物。

6) 禁止向水体排放、倾倒放射性固体废物或者含有高放射性和中放射性物质的废水。

7) 船舶的残油、废油应当回收，禁止排入水体，禁止向水体倾倒船舶垃圾。

限制向水体排放污染物的法律规定如下：

1) 向水体排放含热废水，应当采取措施，保证水体的水温符合水环境质量标准。

2) 含病原体的污水应当经过消毒处理，符合国家有关标准后，方准排放。

3) 向农田灌溉渠道排放工业废水和城镇污水，应当保证其下游最近的灌溉取水点的水质符合农田灌溉水质标准。利用工业废水和城镇污水进行灌溉，应当防止污染土壤、地下水和农产品。

4) 使用农药，应当符合国家有关农药安全使用的规定和标准。运输、储存农药和处置过期失效农药，必须加强管理，防止造成水污染。县级以上地方人民政府的农业主管部门和其他有关部门，应当采取措施，指导农业生产者科学、合理地施用化肥和农药，控制化肥和农药的过量使用，防止造成水污染。

5) 船舶排放含油污水、生活污水，应当符合船舶污染物排放标准。从事海洋航运的船舶进入内河和港口的，应当遵守内河的船舶污染物排放标准。船舶装载运输油类或者有毒货物，必须采取防止溢流和渗漏的措施，防止货物落水造成水污染。

2. 地下水污染的防治

地下水是指地表以下的潜水和承压水。地下水具有分布广、温度变化小、能在水循环中得到不断补充等特点，因而被广泛地开发利用。但是地下水水质与地表水以及人类的生产、生活活动有密切关系，地面降水以及地上污染物都可以通过水循环渗入地下水，而且地下水受到污染后不易发现，也难于治理，因此必须加以特殊保护。《水污染防治法》对防治地下水污染作出了专门的法律规定：

(1) 企业事业单位利用渗井、渗坑、裂隙和溶洞排放、倾倒含有毒污染物的废水、含病原体的污水和其他废弃物是地下水资源遭受污染的主要原因。因此，防治地下水污染必须严格禁止企业事业单位采用此类排污方式。

(2) 在无良好隔渗地层，不采取防漏措施输送有害物质，会使有毒有害物质渗入地下，污染地下水。因此，禁止企业事业单位使用无防止渗漏措施的沟渠、坑塘等输送或者储存含有毒污染物的废水、含病原体的污水和其他废弃物。

(3) 对开采多层地下水资源的保护。在开采多层地下水的时候，如果各含水层的水质差异较大，应当分层开采；对已经受到污染的潜水和承压水，不得混合开采。开采多层地

下水时，对下列含水层应当分层开采：①半咸水、咸水、卤水层；②受到污染的含水层；③含有毒有害元素，超过生活饮用水卫生标准的水层；④有医疗价值和特殊经济价值的地下热水、温泉水和矿泉水。

（4）兴建地下工程设施或者进行地下勘探、采矿等活动时应当采取防护性措施，防止地下水受到污染。地下工程主要是指地铁、地下仓库、地下采矿等。兴建地下工程设施会使含水层上面的自然保护层遭到破坏，造成地表上各种有毒有害物质随雨水流入地下污染水体。因此，《水污染防治法》要求兴建地下工程设施或者进行地下勘探应采取防护措施，防止地下水污染。

（5）人工回灌补给地下水时，不得恶化地下水水质。人工回灌补给地下水，是提高地下水水位，防止地面沉降的有效措施，但是由于地表水一般比地下水污染较重，因此在进行人工回灌时注意防止将受到污染的水补给地下水，否则，会使地下水水质恶化。《水污染防治法实施细则》第三十条规定：人工回灌补给地下饮用水的水质，应当基本符合生活饮用水源的水质标准，并经县级以上人民政府卫生部门批准。

（二）工业水污染防治

国务院有关部门和县级以上地方人民政府应当合理规划工业布局，要求造成水污染的企业进行技术改造，采取综合防治措施，提高水的重复利用率，减少废水和污染物排放量。

国家对严重污染水环境的落后工艺和设备实行淘汰制度。国务院经济综合宏观调控部门会同国务院有关部门，公布限期禁止采用的严重污染水环境的工艺名录和限期禁止生产、销售、进口、使用的严重污染水环境的设备名录。

生产者、销售者、进口者或者使用者应当在规定的期限内停止生产、销售、进口或者使用列入前款规定的设备名录中的设备。工艺的采用者应当在规定的期限内停止采用列入前款规定的工艺名录中的工艺。

国家禁止新建不符合国家产业政策的小型造纸、制革、印染、染料、炼焦、炼硫、炼砷、炼汞、炼油、电镀、农药、石棉、水泥、玻璃、钢铁、火电以及其他严重污染水环境的生产项目。企业应当采用原材料利用效率高、污染物排放量少的清洁工艺，并加强管理，减少水污染物的产生。

（三）城镇水污染防治

《水污染防治法》第四十四条规定，城镇污水应当集中处理。

县级以上地方人民政府应当通过财政预算和其他渠道筹集资金，统筹安排建设城镇污水集中处理设施及配套管网，提高本行政区域城镇污水的收集率和处理率。

国务院建设主管部门应当会同国务院经济综合宏观调控、环境保护主管部门，根据城乡规划和水污染防治规划，组织编制全国城镇污水处理设施建设规划。县级以上地方人民政府组织建设、经济综合宏观调控、环境保护、水行政等部门编制本行政区域的城镇污水处理设施建设规划。县级以上地方人民政府建设主管部门应当按照城镇污水处理设施建设规划，组织建设城镇污水集中处理设施及配套管网，并加强对城镇污水集中处理设施运营的监督管理。

城镇污水集中处理设施的运营单位按照国家规定向排污者提供污水处理的有偿服务，收取污水处理费用，保证污水集中处理设施的正常运行。向城镇污水集中处理设施排放污水、缴纳污水处理费用的，不再缴纳排污费。收取的污水处理费用应当用于城镇污水集中处理设施的建设和运行，不得挪作他用。

城镇污水集中处理设施的污水处理收费、管理以及使用的具体办法，由国务院规定。

向城镇污水集中处理设施排放水污染物，应当符合国家或者地方规定的水污染物排放标准。

城镇污水集中处理设施的出水水质达到国家或者地方规定的水污染物排放标准的，可以按照国家有关规定免缴排污费。

城镇污水集中处理设施的运营单位，应当对城镇污水集中处理设施的出水水质负责。

环境保护主管部门应当对城镇污水集中处理设施的出水水质和水量进行监督检查。

建设生活垃圾填埋场，应当采取防渗漏等措施，防止造成水污染。

（四）农业和农村水污染防治

使用农药，应当符合国家有关农药安全使用的规定和标准。运输、存储农药和处置过期失效农药，应当加强管理，防止造成水污染。

县级以上地方人民政府农业主管部门和其他有关部门，应当采取措施，指导农业生产者科学、合理地施用化肥和农药，控制化肥和农药的过量使用，防止造成水污染。

国家支持畜禽养殖场、养殖小区建设畜禽粪便、废水的综合利用或者无害化处理设施。畜禽养殖场、养殖小区应当保证其畜禽粪便、废水的综合利用或者无害化处理设施正常运转，保证污水达标排放，防止污染水环境。

从事水产养殖应当保护水域生态环境，科学确定养殖密度，合理投饵和使用药物，防止污染水环境。

向农田灌溉渠道排放工业废水和城镇污水，应当保证其下游最近的灌溉取水点的水质符合农田灌溉水质标准。利用工业废水和城镇污水进行灌溉，应当防止污染土壤、地下水和农产品。

（五）船舶水污染防治

船舶排放含油污水、生活污水，应当符合船舶污染物排放标准。从事海洋航运的船舶进入内河和港口的，应当遵守内河的船舶污染物排放标准。

船舶的残油、废油应当回收，禁止排入水体。禁止向水体倾倒船舶垃圾。

船舶装载运输油类或者有毒货物，应当采取防止溢流和渗漏的措施，防止货物落水造成水污染。

船舶应当按照国家有关规定配置相应的防污设备和器材，并持有合法有效地防止水域环境污染的证书与文书。船舶进行涉及污染物排放的作业，应当严格遵守操作规程，并在相应的记录簿上如实记载。

港口、码头、装卸站和船舶修造厂应当备有足够的船舶污染物、废弃物的接收设施。从事船舶污染物、废弃物接收作业，或者从事装载油类、污染危害性货物船舱清洗作业的单位，应当具备与其运营规模相适应的接收处理能力。

船舶进行下列活动，应当编制作业方案，采取有效的安全和防污染措施，并报作业地海事管理机构批准：

1）进行残油、含油污水、污染危害性货物残留物的接收作业，或者进行装载油类、

污染危害性货物船舱的清洗作业。

2）进行散装液体污染危害性货物的过驳作业。

3）进行船舶水上拆解、打捞或者其他水上、水下船舶施工作业。

在渔港水域进行渔业船舶水上拆解活动，应当报作业地渔业主管部门批准。

第六节　全面推行河长制

一、河长制的由来及意义

2016年10月11日，习近平总书记主持召开中央深改组第28次会议，通过了《关于全面推行河长制的意见》，并指出河长制的目的是贯彻新发展理念。2016年12月，中共中央办公厅、国务院办公厅印发了《关于全面推行河长制的意见》（以下简称《意见》），《意见》指出，全面推行河长制是落实绿色发展理念、推进生态文明建设的内在要求，是解决中国复杂水问题、维护河湖健康生命的有效举措，是完善水治理体系、保障国家水安全的制度创新。《意见》要求，地方各级党委和政府要强化考核问责，根据不同河湖存在的主要问题，实行差异化绩效评价考核，将领导干部自然资源资产离任审计结果及整改情况作为考核的重要参考。到2018年年底前全面建立河长制。

河长制，即由各级党政主要负责人担任河长，负责辖区内河流的污染治理。河长制是从河流水质改善领导督办制、环保问责制所衍生出来的水污染治理制度，目的是为了保证河流在较长时期内保持河清水洁、岸绿鱼游的良好生态环境。

河长是河流保护与管理的第一责任人，其主要职责是督促下一级河长和相关部门完成河流生态保护任务，协调解决河流保护与管理中的重大问题。

河长制由江苏省无锡市于2007年首创。它是在太湖蓝藻暴发后，针对无锡市水污染严重、河道长时间没有清淤整治、企业违法排污、农业面源污染严重等现象提出的。2008年，江苏省政府决定在太湖流域实行河长制，之后又在全省15条主要入湖河流全面实行。

河长制体现了《中华人民共和国环境保护法》中“地方各级人民政府应当对本辖区的环境质量负责”的要求，把地方党政领导推到了第一责任人的位置，其目的在于通过各级行政力量的协调、调度，有力有效地管理关乎水污染的各个层面。

河长制最大限度地整合了各级政府及有关部门的执行力，弥补了早先工业污染归环保部门、河道保洁归水利部门、生活污水归城建部门的“九龙治水”治理局面，形成了政府牵头、各部门行动、全民参与的治水生态链。

河长制提出河道治理的总体目标和基本措施，因地制宜实施“一河一策”，有针对性地确定治水方案；树立了上下游共同治理、标本兼治的联动机制；将“河长”治理河道的情况作为政绩考核的一项重要内容，实行“一票否决”。

二、组织形式及工作职责

设立省、市、县、乡四级河长体系。各省、自治区、直辖市设立总河长，由党委或政府主要负责同志担任；各省、自治区、直辖市行政区域内主要河湖设立河长，由省级负责同志担任；各河湖所在市、县、乡均分级分段设立河长，由同级负责同志担任。各级河长负责组织领导相应河湖的管理和保护工作，包括水资源保护、水域岸线管理、水污染防治、水环境治理等，牵头组织对侵占河道、围垦湖泊、超标排污、非法采砂、破坏航道、电毒炸鱼等突出问题依法进行清理整治，协调解决重大问题；对跨行政区域的河湖明晰管理责任，协调上下游、左右岸实行联防联控；对相关部门和下一级河长履职情况进行督导，对目标任务完成情况进行考核，强化激励问责。

三、河长制的主要任务

1. 加强水资源保护

落实最严格水资源管理制度，严守水资源开发利用控制、用水效率控制、水功能区限制纳污三条红线，强化地方各级政府责任，严格考核评估和监督。实行水资源消耗总量和强度双控行动，防止不合理新增取水，切实做到以水定需、量水而行、因水制宜。坚持节水优先，全面提高用水效率，水资源短缺地区、生态脆弱地区要严格限制发展高耗水项目，加快实施农业、工业和城乡节水技术改造，坚决遏制用水浪费。严格水功能区管理监督，根据水功能区划确定的河流水域纳污容量和限制排污总量，落实污染物达标排放要求，切实监管入河湖排污口，严格控制入河湖排污总量。

2. 加强河湖水域岸线管理保护

严格水域岸线等水生态空间管控，依法划定河湖管理范围。落实规划岸线分区管理要求，强化岸线保护和节约集约利用。严禁以各种名义侵占河道、围垦湖泊、非法采砂，对岸线乱占滥用、多占少用、占而不用等突出问题开展清理整治，恢复河湖水域岸线生态功能。

3. 加强水污染防治

落实《水污染防治行动计划》，明确河湖水污染防治目标和任务，统筹水上、岸上污染治理，完善入河湖排污管控机制和考核体系。排查入河湖污染源，加强综合防治，严格治理工矿企业污染、城镇生活污染、畜禽养殖污染、水产养殖污染、农业面源污染、船舶港口污染，改善水环境质量。优化入河湖排污口布局，实施入河湖排污口整治。

4. 加强水环境治理

强化水环境质量目标管理，按照水功能区确定各类水体的水质保护目标。切实保障饮用水水源安全，开展饮用水水源规范化建设，依法清理饮用水水源保护区内违法建筑和排污口。加强河湖水环境综合整治，推进水环境治理网格化和信息化建设，建立健全水环境风险评估排查、预警预报与响应机制。结合城市总体规划，因地制宜建设亲水生态岸线，加大黑臭水体治理力度，实现河湖环境整洁优美、水清岸绿。以生活污水处理、生活垃圾处理为重点，综合整治农村水环境，推进美丽乡村建设。

5. 加强水生态修复

推进河湖生态修复和保护，禁止侵占自然河湖、湿地等水源涵养空间。在规划的基础上稳步实施退田还湖还湿、退渔还湖，恢复河湖水系的自然连通，加强水生生物资源养护，提高水生生物多样性。开展河湖健康评估。强化山水林田湖系统治理，加大江河源头区、水源涵养区、生态敏感区保护力度，对三江源区、南水北调水源区等重要生态保护区

实行更严格的保护。积极推进建立生态保护补偿机制，加强水土流失预防监督和综合整治，建设生态清洁型小流域，维护河湖生态环境。

6. 加强执法监管

建立健全法规制度，加大河湖管理保护监管力度，建立健全部门联合执法机制，完善行政执法与刑事司法衔接机制。建立河湖日常监管巡查制度，实行河湖动态监管。落实河湖管理保护执法监管责任主体、人员、设备和经费。严厉打击涉河湖违法行为，坚决清理整治非法排污、设障、捕捞、养殖、采砂、采矿、围垦、侵占水域岸线等活动。

第四章　水行政执法体系

第一节　水行政执法概述

一、概念

水行政执法是指水行政机关依法对水行政管理相对人采取的直接的影响其权利义务，或者对相对人权利义务的行使与履行进行监督检查、并对相对人的违法行为进行查处的具体行政行为。其中主要包括水行政许可、水行政处罚、水行政强制等。

二、特征

（1）水行政执法是围绕调整社会水事关系而实施的行政执法，其行政主体为各级水行政主管部门，这一特征区别于其他的行政执法。

（2）水行政执法是水行政主管部门依照水法规对水行政管理相对人实施的具体行政行为，对特定人具有特定的拘束力而无普遍适用性和向后拘束力，这一特征区别于水行政立法或抽象水行政行为。

（3）水行政执法的客体并非解决水行政管理相对人之间的水事纠纷，也不是解决水行政管理相对人与水行政主管部门之间的水行政争议，这一特征区别于水行政司法。

（4）水行政执法是水行政主管部门单方实施的行政行为，不受水行政管理相对人的意志影响，这一特征区别于水行政合同行为。

三、生效要件

（一）主体合法

主体合法即实施水行政执法行为的主体必须具有合法的地位。它包括：①根据现行法律法规规定，作出水行政执法行为的主体身份必须是具有水行政执法权的各级水行政主管部门、流域管理机构以及地方人民政府设立的水土保持机构和地方性法规授权的水利管理单位；②各级水政监察队伍必须在同级水行政主管部门委托的权限内，以委托者的名义实施行政执法权。

（二）权限合法

权限合法即水行政执法必须在水法规规定的职权范围内作为。它包括：①执法行为必须有法律、法规、规章明确规定；②不得超越职权；③符合地域管辖和级别管辖的规定；④属于水行政管理职权范围。

（三）行为真实

行为真实即水行政执法行为必须意思表示真实。它包括：①执法人员在未被胁迫的情况下而为；②执法人员在未被欺诈的情况下而为；③执法人员自身意志清楚。

（四）内容合法

内容合法即水行政执法行为的内容必须既符合水法规规定，又符合其他法律法规规定。它包括：①内容符合法律规定，符合实际，切实可行，如对未满14周岁的相对人就不能科以行政处罚，对已作为屋基的护坡块石就不能作出返还原物的决定；②执法对象和标的物明确；③执法公正，正确掌握自由裁量权；④执法内容具有可操作性。

（五）执法程序合法

执法程序合法即水行政执法必须符合法定程序。以水行政处罚行为为例，根据行政处罚法第三条的规定，没有法定依据或不遵守法定程序的，行政处罚无效。

（六）执法行为符合法定形式

执法行为符合法定形式即水行政执法凡属要式行为，必须符合法定形式。如征收水资源费必须使用水资源费专用票据，批准取水许可申请必须发放取水许可证，对违反水法规的行为实施行政处罚必须送达行政处罚决定书、执法人员表明身份等。

第二节　水行政许可

一、水行政许可概述

（一）概念

水行政许可是指县级以上人民政府水行政主管部门根据有关法律、法规的规定，在水行政管理职权范围内，依相对人申请，准予相对人从事某种水事活动的水行政处理决定。它一般通过发放许可证和验审等方式来组织实施。《水法》第四十八条规定：“直接从江河、湖泊或者地下取用水资源的单位和个人，应当按照国家取水实行取水许可制度和水资源有偿使用制度的规定，向水行政主管部门或者流域管理机构申请领取取水许可证，并缴纳水资源费，取得取水权。”

（二）分类

1. 取水许可

取水许可是指水事行政主体根据取水单位、个人的申请，依法决定是否赋予其取水权利的一种水事具体行为。国务院自1993年9月1日起施行的《取水许可制度实施办法》是水事行政主体从事取水许可管理的基本法律依据，根据该办法的规定，所有取水单位和个人，除了第三条、第四条规定的不予办理和免予办理的情形外，均应依法办理取水许可证，并依据规定取水。

2. 河道采砂许可

河道采砂许可是指水事行政主体依据河道管理法律、法规，根据河道采砂单位、个人采砂申请，依法决定是否赋予其从事河道采砂权利的一种水行政行为。

3. 河道内建设项目的同意

河道内建设项目的同意是指水事行政主体对在河道管理范围内新建、扩建、改建的建设项目，在其按照基本建设项目履行审批手续前，根据项目建设者的申请，按照河道管理权限进行审查并决定是否同意的一种水行政行为。

4. 堤防林木采伐许可

堤防林木采伐许可是指水事行政主体按照河道管理、防洪管理法律法规，对拟采伐堤防林木的申请作出是否同意的一种水行政行为。

二、水行政许可的审批程序

（一）提出申请

申请人可以通过邮寄、电文等方式提出水事行政许可申请，也可以委托代理人提出水事行政许可申请，但是法律、法规、地方规章规定应当由申请人到水事行政机关办公场所提出水事行政许可申请的除外。

（二）受理、审查

水事行政许可应相对集中，即一个机关的水事行政许可权涉及内部多个环节的，应“一个窗口”对外，减少多头审批，防止暗箱操作。行政机关对于申请人的许可申请应尽量做到当场受理。对于不能当场作出决定的，要出具受理凭证，并且一般应当在30日内作出决定。水行政主体在受理申请人的水行政许可申请后，应当在水事法律法规所规定的时间期限内对申请人的申请材料进行实质审查，以确定申请人是否具备取得某种相应水行政许可的法定条件。

1. 审查事项

水行政许可实施机关收到水行政许可申请后，应当对下列事项进行审查：

（1）申请事项依法不需要取得水行政许可的，应当即时制作“水行政许可申请不受理告知书”，告知申请人不受理。

（2）申请事项依法不属于本机关职权范围或者具有依法不得提出水行政许可申请的情形的，应当即时制作“水行政许可申请不予受理决定书”。其中，申请事项依法不属于本机关职权范围的，应当告知申请人向有关行政机关申请。

（3）申请材料存在文字、计算、装订等非实质内容错误的，应当允许申请人当场更正，但应当对更正内容签字或者盖章确认。

（4）申请材料不齐全或者不符合法定形式的，应当当场或者在5日内制作“水行政许可申请补正通知书”，一次告知申请人需要补正的全部内容，逾期不告知的，自收到申请材料之日起即为受理。

（5）申请事项属于本机关职权范围，申请材料齐全、符合法定形式，或者申请人按照要求提交全部补正申请材料的，应当制作“水行政许可申请受理通知书”。水行政许可实施机关作出的“水行政许可申请受理通知书”“水行政许可申请不受理告知书”和“水行政许可申请补正通知书”等文书，应当加盖本机关专用印章和注明日期。

2. 实体性审查

水行政许可实施机关受理水行政许可申请后应当进行审查。审查一般以书面形式进行。除能够当场作出水行政许可决定的外，根据法定条件和程序，需要对申请材料的实质内容进行核查。

（1）申请人提交的申请材料齐全，符合法定形式，行政机关能够当场作出决定的，应该当场作出书面的行政许可决定。

（2）根据法定条件和程序，需要对申请材料的实质内容进行核实的，行政机关应当指派2名以上工作人员进行。核查过程中需要进行现场检查或者调查询问有关人员的，应当制作笔录，由核查方与被核查方签字确认；被核查方拒绝签字的，应当在笔录中记明。

（3）依法应当由先经下级行政机关审查后报上级行政机关决定的行政许可，下级行政机关应当在法定期限内将初步审查意见和全部申请材料直接报送上级行政机关。上级行政机关不得要求申请人重复提供申请材料。

（4）水行政许可实施机关审查水行政许可申请时，发现该水行政许可事项直接关系他人重大利益的，应当告知申请人和利害关系人。申请人、利害关系人要求陈述和申辩的，行政机关应当听取，并制作笔录。

（5）法律、法规、规章规定实施水行政许可应当听证的事项，或者水行政许可实施机关认为需要听证的其他涉及公共利益的重大水行政许可事项，水行政许可实施机关应当向社会公告，并举行听证。水行政许可直接涉及申请人与他人之间重大利益关系的，水行政许可实施机关在作出水行政许可决定前，应当制作“水行政许可听证告知书”，告知申请人、利害关系人享有要求听证的权利。

3. 作出决定

水行政许可实施机关审查水行政许可申请后，除当场作出水行政许可决定的外，应当在法定期限内按照法律、法规、规章和本办法规定的程序作出如下水行政许可决定：

（1）水行政许可申请符合法律、法规、规章规定的条件、标准的，依法作出准予水行政许可的书面决定，制作“准予水行政许可决定书”，并应当在办公场所、指定报刊或者网站上公开，公众有权查阅。

（2）水行政许可申请不符合法律、法规、规章规定的条件、标准的，依法作出不予水行政许可的书面决定，制作“不予水行政许可决定书”，应当说明理由，并告知申请人享有依法申请行政复议或者提起行政诉讼的权利和复议机关、受诉法院、时效等具体事项。

【案例4-1】 承建未经批准的凿井工程案

【案情简介】 某年3月4日，某市经济开发区村民尹某，在世纪花园内为一个体浴池用水进行机械凿井作业，井进尺已超过30m。这家浴池未取得水行政主管部门批准的“取水许可申请书”。经群众举报，水行政执法人员到达现场，人证、物证俱全。尹某对承建未经批准的凿井工程的违法行为供认不讳。水政监察人员根据有关法律，立即对尹某的部分打井器械进行登记保存。尹某将受到2000元罚款的处罚。

【评析意见】 国务院《取水许可制度实施办法》第十七条规定：“地下水取水许可申请经水行政主管部门或者其授权的有关部门批准后，取水单位方可凿井。”《辽宁省地下水资源保护条例》第十四条第二款规定：“建设单位未取得取水许可审批文件的，凿井施工单位不得承建该建设单位的凿井工程。”本案中，尹某在个体浴池没有按取水许可审批程序取得“取水许可申请书”审批文件的情况下承建凿井工程，违反了上述法律、法规的规定，属违法行为。根据《辽宁省地下水资源保护条例》第二十六条第一款“承建未经批准的凿井工程的，处5万元以上10万元以下罚款”的规定，水行政主管部门将对尹某进行处罚是有法律依据的，尹某受到处罚是应该的。

【案例 4-2】 不办理取水许可审批擅自凿井案

【案情简介】 1996 年 5 月，某市啤酒厂（以下简称“啤酒厂”）与市自来水公司下属凿井队（以下简称“凿井队”）签订凿井合同，委托凿井队为其凿一眼水井。凿井工程完工后，啤酒厂以该井井水含砂量过高、不能满足用水要求为由，于 1997 年 4 月向市法院提起民事诉讼，要求凿井队赔偿经济损失。

1997 年 7 月，市法院作出判决，判决认为凿井队在履行凿井合同过程中违反技术规范要求，造成井水含砂量过高，属于违约行为，凿井队应当赔偿啤酒厂因此而遭受的经济损失。

接到判决书后，凿井队向市中级人民法院提起上诉，要求撤销原审判决。市中级人民法院经审理认为，啤酒厂凿井应当办理取水许可手续，在未经审批同意的情况下，啤酒厂与凿井队签订凿井合同属于无效合同，双方均有责任。1998 年 4 月 30 日，市中级人民法院下达了民事调解书，确认了双方各自应当承担的责任。

【评析意见】 这是一起因为凿井引发的民事纠纷。但本案不仅仅是一起民事纠纷，也是一起违反取水许可管理法律制度的水事违法案件。啤酒厂在未办理取水许可审批手续的情况下擅自委托他人凿井违反了《取水许可制度实施办法》（国务院第 119 号令）、《某省取水许可制度管理办法》（省人民政府第 17 号令），属于无证取水的违法行为，当地水行政主管部门有权对其作出行政处罚。啤酒厂不仅要承担因为凿井合同纠纷产生的民事法律责任，而且要承担因为违反水法规产生的行政法律责任。

本案中涉及的两个法律问题：

一是啤酒厂应当承担的行政法律责任。啤酒厂凿井取水应当申请办理取水许可证，《取水许可制度实施办法》第二条规定，一切取水单位和个人，除本办法第三条、第四条规定的情形外，都应当依据本办法申请取水许可证，并依据规定取水。第三条规定，下列少量取水不需要申请取水许可证：为家庭生活、畜禽饮用取水的；为农业灌溉少量取水的；用人力、畜力或者其他方法少量取水的。第四条规定，下列取水免于申请取水许可证：为农业抗旱应急必须取水的；为保障矿井等地下工程施工安全和生产安全必须取水的；为防御和消除对公共安全或者公共利益的危害必须取水的。从以上规定可知，啤酒厂凿井取水不属于不需要申请取水许可证或者免于申请取水许可证的范围，属于必须申请办理取水许可证的范围。《取水许可制度实施办法》第二十九条规定：未经批准擅自取水的，由水行政主管部门或者其授权发放取水许可证的部门责令停止取水。《某省取水许可制度管理办法》第二十六条规定：未经批准擅自取水的，由县级以上人民政府水行政主管部门责令停止取水、拆除或者封闭其取水工程和提水设施，并对有经营行为的，处以三万元以下罚款，对没有经营行为的处以一千元以下罚款。所以当地水行政主管部门应当对啤酒厂无证取水的违法行为进行行政处罚，不能因为法院对啤酒厂与凿井队之间的民事责任进行了裁判就放弃对其行政法律责任的追究。

二是凿井合同的效力问题。《中华人民共和国合同法》第五十二条规定：违反法律、行政法规的强制性规定的，合同无效。所谓强制性规定是指不问个人意愿如何必须予以遵守的规定，包括强行规定（其法律表述为“应当”“必须”等）和禁止性规定（其法律表述为“禁止”“不得”等）。按照《取水许可制度实施办法》第二条的规定，一切取水单位

和个人，除本办法第三条、第四条规定的情形外，都应当依据本办法申请取水许可证，这就属于行政法规的强制性规定。但是，啤酒厂在未办理取水许可手续的情况下擅自委托他人凿井，其违反了《取水许可制度实施办法》规定的强制性规定。因此，啤酒厂与凿井队签订的凿井合同是无效的。

第三节 水行政处罚

水行政处罚，是指各级人民政府水行政主管部门依法惩戒违反水法规的公民、法人或其他组织的一种行政行为。

从行政法学理论上讲，一般把行政处罚划分为警告、罚款、没收违法所得、没收非法财物、责令停产停业、暂扣或者吊销许可证、暂扣或者吊销执照、行政拘留；在上述处罚形式中，除行政拘留只能由公安机关行使外，警告、罚款，没收违法所得、非法财物，暂扣或者吊销许可证、执照等均可由水行政机关主管部门依法行使。因此，水行政处罚的种类可分为以下几类。

1. 行为罚

行为罚，指行政主体剥夺或限制行政违法行为者的某种行为能力和资格，使其不能从事某种活动的处罚形式。如吊销取水许可证、采砂许可证等，责令补栽盗伐的护堤林木、修复破坏的堤防等。吊销许可证是一种较为严厉的处罚。

2. 财产罚

财产罚，指行政主体剥夺行政违法行为者一定财产权的处罚形式，包括罚款、没收违法所得、没收非法财物。

罚款，指水行政主管部门对违反水法规，不履行法定义务的公民、法人或组织所作出的一种经济上的处罚。它必须是规范格式，处罚机关必须作出正式书面处罚决定，并明确规定罚款的数额和缴纳的形式和期限。适用范围较广，是最经常和普遍的行政处罚形式。罚款应当从合法收入中支付。

没收违法所得、没收非法财物（一般指从事违法活动的工具），是针对为谋取非法收入而严重违反法律法规的公民、法人和组织，包括违法所得和非法财物。其是指行政主体依法将违法行为人违法所得和非法财物强制收归国有的一种处罚形式。没收是一种较为严厉的财产罚。

3. 申诫罚

申诫罚，亦称精神罚或声誉罚，指行政主体对行政违法行为者提出警戒或者谴责，申明其有违法行为，通过对其名誉、荣誉、信誉等施加影响，引起精神上的警惕，使其不再违法的处罚形式，如警告。

【案例4-3】 严执法“水官”惹上“水官司”

【案情简介】 案件缘起于2012年3月22日，某县水利局对村民李某在可河水库违法推塘分割水库的违法行为给予罚款500元、限期恢复原状的处罚。一例小处罚案件，却使省级检察院将县水利局推向了抗诉的法庭。

可河水库是座小水库，历来归先锋三组管理和受益。当地村民近几年种果树发家致富。波井二组村民李某，眼看着他人的果树变成了"摇钱树"，也种了不少果树，只愁无水，加上老天爷连续几年干旱，缺水更加严重，于是打起了果园边可河水库的主意。2010年2月的一天，李某未经批准，请来一台推土机开进水库，在水库库尾推筑了一口小水塘。李某的行为，激起了先锋三组村民反对，向乡政府反映，请求处理，否则该组300亩水田、250余亩旱地将受到干旱威胁。县水利局也接到群众举报，立即到现场察看，走访知情人，开展调查取证工作，并于2012年3月22日下达行政处罚决定书，对李某的违法行为，处以罚款500元，并责令其清除塘坝。

李某对县水利局的处罚决定不服，认为县水利局处罚决定书认定事实、适用法律均有错误，同时认为，县水利局无权处理库区土地问题。官司一审之后又二审，可一、二审法院均维持了县水利局的处罚决定，李某决定走最后的法律程序——申诉。面对李某的申诉，自治区高级人民检察院于2013年12月31日下达了"行政抗诉书"，正式启动了行政抗诉程序。抗诉书认为，县水利局处罚决定"没有法定依据，不遵守法定程序"。事实依据是：在现场勘验检查笔录上，无相对人或其代理人参与并签名。检察院据此认为，二审法院的判决"违反法定程序，影响本案的正确裁判，导致实体处分错误"。

抗诉书发到县水利局后，他们感到事关重大。他们重新审视此案，觉得实体、程序等各方面均无错误，立即与检察部门协商，交流看法，同时积极准备应对抗诉。就在抗诉将要开庭的前一天，自治区高级人民检察院撤回了抗诉，法院同时终止了本案的审理。

【评析意见】

1. 村民李某在水库推塘筑坝、挖筑鱼塘的行为是否违法？县水利局的行政处罚是否具有合法性？

首先，根据《河道管理条例》第二十四条和第二十五条的规定，在河道管理范围内，禁止修建围堤、阻水渠道、阻水道路，而在河道管理范围内挖筑鱼塘必须报经河道主管机关批准。李某在未经批准的情况下，"擅自在集体所有的可河水库库尾分割水库，挖筑鱼塘"，已经违反了《河道管理条例》的相关规定。县水利局在李某违反了《河道管理条例》相关规定的情况下，有权责令其纠正违法行为、采取补救措施外，可以并处警告、罚款、没收非法所得。因此，县水利局的行政处罚合法有效。

2. 县水利局行政处罚的程序是否合法？

一般程序包括如下步骤：

（1）调查取证，查明案件真相，取得相关证据。行政机关在调查或者进行检查时，执法人员不得少于两人，并应当向当事人或者有关人员出示证件。

（2）告知给予行政处罚的事实、理由和依据，听取当事人的陈述、申辩。

（3）作出处罚决定书。分别作出如下决定：①确有应受行政处罚的违法行为的，根据情节轻重及具体情况，作出行政处罚决定；②违法行为轻微，依法可以不予行政处罚的，不予行政处罚；③违法事实不能成立的，不得给予行政处罚；④违法行为已构成犯罪的，移送司法机关。

（4）送达处罚决定书。决定行政处罚应制作"行政处罚决定书"。法定事项：《行政处罚法》第三十九条规定：当事人的姓名或者名称、地址；违反法律、法规或者规章的事实和证据；行政处罚的种类和依据；行政处罚的履行方式和期限；不服行政处罚决定，申请

行政复议或者提起行政诉讼的途径和期限；做出行政处罚决定的行政机关名称和决定的日期。必须盖有行政机关的公章。“行政处罚决定书”应当向当事人宣告并当场交付当事人签收。当事人不在场的，依照民事诉讼法的有关规定，7日内将“行政处罚决定书”交付当事人签收。

自治区检察院的抗诉焦点在于县水利局的行政处罚程序违法，即县水利局在两次现场勘察时没有按照《××自治区行政执法程序规定》第三十条第（三）项规定，通知相对人或代理人到场。而事实是2001年7月13日、8月16日两次现场勘察时，县水利局都通知了当事人，都邀请了无利害关系人见证，7月13日当事人在笔录上签了字，8月16日当事人拒不签字，邀请乡水保站人员签了字。

首先，现场勘察按照《行政处罚法》的要求制作了现场笔录。另外，根据《水行政处罚实施办法》和《××自治区行政执法程序规定》，水政监察人员现场勘验检查应通知相对人或其代理人到场，相对人或其代理人拒不到场的，可邀请在场无利害关系的其他人员1～2人见证，并制作调查笔录，笔录由被调查人核对后签名或者盖章。被调查人拒绝签名或者盖章的，应当有两名以上水政监察人员在笔录上注明情况并签名。8月16日，县水利局执法人员在当事人拒不签字的情况下，邀请乡水保站人员签字的行为符合上述法律和规章对执法程序的有关规定，执法过程并无不当之处，行政处罚的程序适当。

第四节　水行政救济体系

一、水行政复议

（一）水行政复议的概念和特征

水行政复议，是指水行政相对人对水行政主体所作出的具体行政行为不服时，依法向水行政复议机关申请复查并要求其依法作出维持、变更或撤销原具体行政行为决定的行政活动。其特征表现为：

（1）水行政复议是有复议权的行政机关所进行的行政行为。水行政复议是水行政机关行使职权的行为，是上级水行政机关对下级水行政机关行使监督权的一种形式。因此，水行政复议是一种水行政行为。

（2）水行政复议以水行政争议为处理对象的行为。水行政争议是由于相对人认为水行政机关行使水行政管理权，侵犯其合法权益而引起的争议。水行政复议只以水行政争议为处理对象，它不解决民事争议和其他争议。

（3）水行政复议是由行政相对方提起的一种依申请而产生的行为。水行政复议应由水行政相对人提出，水行政相对人不提出复议申请，水行政机关不能自主启动水行政复议程序。因此，水行政复议是一种被动的、依申请而产生的行为，而不依职权而产生的行为。

（4）水行政复议是一种行政司法行为。水行政复议虽然是种水行政行为，但创设这项制度的目的是为解决水行政争议。从公正性的要求考虑，水行政复议需要有比较严格的程序，从复议申请的提出，到复议申请的受理和审理直到作出复议决定，都与司法行为相类似，人们把它当作一种水行政司法行为，或者称为“准司法行为”。

（二）水行政复议的原则

《行政复议法》第四条规定，“水行政复议机关履行水行政复议职责，应当遵循合法、公正、公开、及时、便民的原则。坚持有错必纠，保障法律、法规的正确实施。”这一规定包含以下原则：

（1）合法原则。合法原则是所有水行政权行使应遵循的一项基本原则，是依法水行政的基本要求。遵循合法原则，就是要求复议机关处理复议案件必须以事实为依据，以法律为准绳。审查引起争议的具体水行政行为包括是否有法律、法规依据，是否属于超越职权，是否属于滥用职权或者是否违反法定程序等。

（2）公正原则。公正是一切司法活动的本质要求，水行政复议是一种水行政行为，复议机关解决水行政争议，应当将作为被申请人的水行政机关与作为申请人的公民、法人和其他组织放在平等的位置上，不能偏袒任何一方。其公正性不仅仅体现在程序上要平等对待当事人各方，还应当体现在复议机关的复议决定上，因为法律、法规在授权时规定了一定的自由裁量权，水行政机关在自由裁量权的范围内所作出的水行政行为都是合法的，但是有时却未必公正合理，复议机关应当审查引起争议的水行政行为是否合理、适度、并作出公正的裁决。

（3）公开原则。公开原则是一个重要的程序原则。它是指水行政机关在作出与相对人利益相关的水行政行为时，要通过一定的程序让相对人参与和了解。在水行政复议活动中，公开原则不仅体现为水行政复议决定公开，还要求水行政复议的过程公开，允许当事人参与。

（4）及时原则。及时原则是水行政效率原则的具体要求。作为一种权利救济手段，水行政复议具有一定的司法性，需要体现公正的要求；但作为一种水行政行为，水行政复议也要符合水行政行为的特点，即要符合水行政效率的要求。由于多数情况下，水行政复议并不是终局的，水行政相对人还可以申请司法救济，因此，在涉及水行政复议程序时不仅要考虑水行政效率，在处理水行政复议案件时也要考虑水行政效率，要在法律、法规规定的时限内及时作出处理决定。

（5）便民原则。便民原则是指水行政复议要便于水行政相对人参加，在复议活动中复议机关和复议人员要为申请人行使各项权利提供方便。便民原则在行政复议中表现为自己选择管辖部门、申请形式及申请日期上。

（三）水行政复议的受案范围

1. 水行政复议的受案范围

水行政复议的范围，是指水行政机关受理水行政复议案件的范围。也是水行政相对人可以通过水行政复议获得救济的范围。根据我国《行政复议法》的规定，水行政复议的范围包括具体水行政行为和抽象水行政行为。

具体水行政行为是指水行政机关针对特定的公民、法人或者组织作出的影响其权益的决定。《行政复议法》第六条规定，申请人对下列具体水行政行为不服的，可以申请水行政复议：

（1）水行政处罚争议。对水行政机关在水行政执法中作出的警告、罚款、没收违法所得、没收非法财物、责令赔偿损失或者采取补救措施等水行政处罚不服的，可以依法申请

水行政复议。

(2) 水行政许可争议。对水行政机关作出的有关许可证、执照、资质、资格等证书变更、中止、撤销的决定不服的。水行政相对人认为其符合水事法律规范所规定的，申请某一许可证书或规划同意书的条件，而向水行政主体申请颁发许可证书、规划同意书，例如申请颁发取水许可证，但是相关的水行政主体拒绝颁发的，相对人可以依法申请水行政复议。另外，水行政机关对公民、法人或其他组织颁发许可证等，与该许可行为法律上利害关系的相关人若认为该行为侵犯其合法权益的，也可以依法申请水行政复议。

(3) 水行政强制争议。水行政相对人对水行政主体在水事监督和检查管理工作中所采取的行政强制措施（如暂扣采砂作业工具）和行政强制执行（如对涉河违章建筑强制拆除）有异议的，可以依法申请行政复议。

(4) 水行政不作为争议。在水事管理活动中，水行政相对人享有要求水行政主体履行水事管理职权、制止水事违法行为与活动、维护其合法的水事权益的权利。如果水行政主体在相对人提出请求后拒绝履行其法定职责或不予答复的，则相对人有权对水行政主体的这种不作为行为申请行政复议。

(5) 认为水行政机关的其他具体水行政行为侵犯其合法权益的。

2. 水行政复议的排除

根据《行政复议法》第八条的规定，下列事项不能申请复议：

(1) 水行政相对人对水行政主体制定水事管理规章以及发布具有普遍约束力的决定、命令等抽象水行政行为不服的，不能申请水行政复议。

(2) 水行政主体内部管理所引起的争议，如水行政主体对其工作人员的任免、奖惩，不能申请水行政复议。

(3) 水行政相对人对水行政主体在水资源开发利用与保护过程中发生的民事纠纷居间所作的调解或其他处理等，不能申请行政复议。

(四) 水行政复议程序

《行政复议法》规定，水行政复议程序分为申请、受理、审理、决定、执行五个阶段。

1. 水行政复议的申请

(1) 申请复议的期限。申请复议期限，是指复议申请人提出复议申请的法定有效期间。《行政复议法》第九条第一款规定，公民、法人或者其他组织认为具体水行政行为侵犯其合法权益的，可以自知道该具体水行政行为之日起 60 日内提出水行政复议；但是法律规定的申请期限超过 60 日的除外。因此申请复议的一般期限是 60 日。

(2) 复议申请的形式。《行政复议法》第十一条规定，申请人申请水行政复议，可以书面申请，也可以口头申请。口头申请的，水行政复议机关应当场记录申请人的基本情况，水行政复议请求，申请水行政复议主要事实、理由和时间；书面申请的，申请人应当向水行政机关递交水行政复议申请书。复议申请书符合法定格式。

2. 水行政复议的受理

水行政复议机关接到水行政复议申请后，应当在 5 日内进行审查，对不符合法律规定的水行政复议申请，决定不予受理，并书面告知申请人；对符合法律规定，但是不属于本机关受理的水行政复议申请，应当告知申请人向有关水行政复议机关提出。除上述规定的情形外，水行政复议申请自水行政复议机关负责复议工作的机构收到之日起即为受理。

3. 水行政复议的审理

行政复议审理是复议机关受理复议申请后，对被申请人的具体水行政行为进行实质审查的活动。《行政复议法》第二十二条规定：水行政复议原则上采取书面审查的办法，但申请人提出要求或者水行政复议机关负责法制工作的机构认为有必要时，应当听取申请人、被申请人和第三人的意见，并可以向有关组织和人员调查情况。《行政复议法》第四十条规定：水行政复议决定作出以前，申请人要求撤回水行政复议申请的，经说明理由可以撤回；撤回水行政复议申请的，水行政复议终止。

4. 决定

水行政复议机关负责法制工作的机构应当对被申请人作出的具体水行政行为进行审查，提出意见，经水行政复议机关的负责人同意或者集体讨论通过后，按照下列规定作出水行政复议决定：

(1) 具体水行政行为认定事实清楚、证据确凿，适用依据正确，程序合法，内容适当的，决定维持。

(2) 被申请人不履行法定职责的，决定其在一定期限内履行。

(3) 具体水行政行为有下列情形之一的，决定撤销、变更或者确认该具体水行政行为违法；决定撤销或者确认该具体水行政行为违法的，可以责令被申请人在一定期限内重新作出具体水行政行为：一是主要事实不清、证据不足的；二是适用依据错误的；三是违反法定程序的；四是超越或者滥用职权的；五是具体水行政行为不当的。

(4) 被申请人不按《行政复议法》第二十三条的规定提出书面答复、提交当初作出具体水行政行为的全部证据、依据和其他有关材料的，视为该具体水行政行为没有证据、依据，决定撤销该具体水行政行为。水行政复议机关责令被申请人重新作出具体水行政行为的，被申请人不得以同一事实和理由作出与原具体水行政行为相同或者基本相同的具体水行政行为。

5. 执行

被申请人应当履行水行政复议决定，被申请人不履行或者无正当理由拖延履行水行政复议决定的，水行政复议机关或者有关上级水行政机关应当责令其限期履行。

申请人逾期不起诉又不履行水行政复议决定的，或者不履行终局的水行政复议决定的，按照下列规定分别处理：

(1) 维护具体水行政行为的水行政复议决定，由作出具体水行政行为的水行政机关依法强制执行，或者人民法院强制执行。

(2) 变更具体水行政行为的水行政复议决定，由水行政复议机关依法强制执行，或者申请人民法院强制执行。

(五) 水行政复议决定书的内容

水行政复议机关在对所争议的具体行政行为进行审查并作出决定后，应当依法制作水行政复议决定书。水行政复议决定书应当载明以下内容：

(1) 申请人的姓名、性别、年龄、工作单位、住址（法人或者其他组织的名称、地址、法定代表人的姓名、职务）。

（2）被申请人的名称、地址、法定代表人的姓名、职务。

（3）申请人的复议请求和理由。

（4）水行政复议机关认定的事实、理由，适用的法律、法规、规章及其他规范性文件。

（5）复议结论。

（6）申请人不服复议决定向人民法院起诉的期限。即告知申请人起诉权与起诉期限；复议决定为最终决定的，应当告知当事人履行决定内容的时间和期限。

（7）作出复议决定的年、月、日。

（8）复议决定书应当加盖水行政复议机关的印章。

【案例4-4】 某煤厂不服县水政监察大队越权处罚行政复议案

【案情简介】 某年3月31日，某县水政监察大队对该县煤厂拒交打井水资源费行为作出行政处罚决定：责令该煤厂限期缴纳全部水资源费3.1万元，并处罚款2800元。某煤厂以该厂生产生活用水由上属集团供给，没有直接取水，不应缴纳水资源费为由，申请市水利局复议，要求撤销处罚决定。并于同年4月12日送交了复议申请书。市水利局受理该案后进行了审理，并作出了复议决定。

水行政复议决定书

市水复决字（2×××）第××号

申请人：某煤厂

地址：某县某镇新华街28号

法定代表人：江某某，该煤厂厂长

被申请人：某县水政监察大队

地址：某县水利大厦

法定代表人：李某，某县水政监察大队队长

申请人某煤厂不服申请人作出的行政处罚决定申请复议一案，市水利局审理终结。经审查：（认定事实部分略，编者注）

根据《违反水法规行政处罚暂行规定》（水利部令第2号）第二条、第三条、第十五条，《某省水资源管理条例》第三十九条等水法规规定，违反水法规行为行政处罚的裁决和发布，必须由县级以上地方人民政府水行政主管部门名义发布。某县水政监察大队以该队名义作出并发布某煤厂拒交水资源费的行政处罚决定，属于超越职权的行为。根据行政复议法的规定，现作出如下复议决定：

1. 撤销某县水政监察大队行政处罚决定；

2. 由某县水利局依据有关法律法规，对某煤厂拒交水资源费案件重新作出处理。申请人如不服本复议决定，可以在收到复议决定书起15日内向人民法院起诉。

复议机关（印章）

法定代表人（名章）

2×××年6月7日

复议决定书送达后，申请人在法定期限内没有向人民法院起诉。

【评析意见】 行政复议是维护和监督行政机关依法行使职权，防止和纠正违法或不当具体行政行为，保护公民、法人和其他组织合法权益的一项重要法律制度。复议机关通过对具体行政行为的合法性、适当性进行审查后，分别予以维护、变更、撤销，以监督行政机关依法行政，保护当事人的合法权益。本案是市水利局审查案件审理程序基本合法，审理审查严谨细致，适用法律、法规准确。案件虽不复杂，但可以得出以下启示：

(1) 主体合法，是具体行政行为合法有效的重要保证。对国家机关而言，只有法律法规有规定的国家机关才可以作出某种具体行政行为，法律法规未规定的，则不能作出具体行政行为。任何一个国家机关只有在其权限内所作的行为才有效，超越职权的行为则不能产生预期的法律后果，也就是说："越权即无效"。《某省水资源管理条例》第三十九条规定：对未按规定缴水资源费的由县级以上地方人民政府水行政主管部门处罚款等行政处罚。显然，地方性法规把对拒缴水资源费行为的处罚权授予水行政主管部门，除此之外，其他任何别的部门、水行政主管部门的内设机构都不能拥有相同的处罚权。本案中享有处罚权的水行政主管部门就是某县水利局，水政监察大队没有处罚权，除非得到法律法规的授权，否则其所作的具体行为则是无效的，都会被复议机关或人民法院依法撤销。

(2) 作为复议机关，在审查复议案件时，一定要站在公正的立场，依法处理，才能树立复议机关的威望和形象，才能加强对下级机关执法工作的监督，减少直至杜绝不当或违法的行政处罚行为，提高水行政执法的质量。在本案中，作为申请人的某煤厂，在复议申请中并没有提出执法主体不合法，但市水利局没有因此偏袒其下级单位某县水政监察大队，而是严格按水法规和《行政复议法》的规定，依法撤销该大队的"处罚决定"，维护了申请人的合法权益，从而用事实树立起复议机关可信、可靠、公正的良好形象。

(3) 市水利局在审理该复议案件的程序仍有不足之处，即没有让被申请人某县水政监察大队就复议申请进行答辩。《行政复议法》规定，复议机关应当在受理之日起 7 日内将复议申请书副本发送被申请人。被申请人应当在收到复议申请书副本之日起 10 日内，向复议机关提交作出具体行政行为的有关材料或者证据，并提出答辩状。逾期不答辩的，不影响复议。可见告知答辩是复议机关的义务，答辩是被申请人的一项重要复议权利，不得任意被剥夺，否则构成复议程序违法。因此，剥夺被申请人答辩权的做法是错误的。另外，从本案来看，水政监察大队对行政管理相对人的处罚属于主体不合法，复议决定书将其认定为超越职权不妥。

二、水行政诉讼

(一) 水行政诉讼的概念和特征

水行政诉讼，是指公民、法人或其他组织认为水行政管理机关及其工作人员在行使水事管理职权的过程中所作出的具体水行政行为侵犯了其合法权益，在法定期限内依法向人民法院提请诉讼，并由人民法院依法予以审理和裁决的活动。

水行政诉讼具有如下特点：

(1) 水行政诉讼是因为公民、法人或其他组织认为水行政主体及其工作人员的具体水行政行为侵犯其合法权益而引起的。

(2) 水行政诉讼所要解决的是水行政争议案件，即水行政主体在实施水事管理职权行为时所作出的具体水行政行为与相对人发生的争议。

(3) 水行政诉讼的被告是相对固定的，即水行政主体。具体包括各级人民政府中的水

行政主管部门，法律、法规授权的其他组织和各级人民政府中其他协同行使水事管理职权的主管部门。

（4）水行政诉讼是由人民法院受理，解决双方之间水行政争议。

（5）水行政诉讼是依申请的诉讼活动，没有水行政相对人起诉，人民法院无权主动对水行政主体的具体水行政行为予以审查。

（6）在水行政诉讼期间不停止具体行政行为执行。水行政主体认为需要停止执行的或人民法院裁决停止执行的除外。

（二）水行政诉讼的范围

行政诉讼受案范围，是指人民法院受理行政诉讼案件的范围，这一范围同时决定着司法机关对行政主体行为的监督范围，决定着受到行政主体侵害的公民、法人和其他组织诉讼的范围，也决定着行政裁决权的范围。根据《行政诉讼法》和其他有关行政诉讼的规范性文件的规定，人民法院受理并审理、裁定的水行政行为的范围有限，人民法院只对一部分特定的水行政行为所引起的水行政争议案件享有管辖权，范围如下：

（1）对行政拘留、暂扣或者吊销许可证和执照、责令停产停业、没收违法所得、没收非法财物、罚款、警告等行政处罚不服的。我国的水事法律、法规文件规定，水行政主体有权实施的水行政处罚种类较多，大部分水行政争议案件都是因为相对人对水行政处罚不服而引起的。

（2）对限制人身自由或者对财产的查封、扣押、冻结等行政强制措施和行政强制执行不服的。在水事管理活动中，水事法律、法规赋予了水行政主体尤其是各级防汛抗旱指挥机构可以采取一定的紧急强制措施的权利，如对阻止障碍物所采取的强行清除措施。相对人对水行政主体在水事管理活动中采取的行政强制措施不服的，一并可以向人民法院提起行政诉讼。

（3）对侵犯法定经营自主权而提起的水行政诉讼案件。行政主体在行使水事管理职权的过程中侵犯了水事法律、法规所赋予相对人的水事权益。如侵犯了水域承包者的合法承包经营自主权，相对人可以向人民法院提起行政诉讼。

（4）申请行政许可，行政机关拒绝或者在法定期限内不予答复，或者对行政机关作出的有关行政许可决定不服的。在水事管理活动中，水行政许可适用很广，如取水许可、河道采砂许可、河道管理范围内建设项目的许可等。只有相对人符合水行政许可条件，水行政主体才能给其颁发相应的行政许可证书，若水行政主体拒绝颁发有关的行政许可证书或拒绝答复的，相对人可以向人民法院提起行政诉讼。

（5）相对人认为行政机关侵犯其他人身权、财产权等合法权益的。凡是相对人认为水行政主体的具体水行政行为侵犯其人身权、财产权的，都可以向人民法院提请行政诉讼。

（三）水行政诉讼主要当事人

1. 概念和特征

水行政诉讼当事人，是指因出现水行政争议案件后，以自己的名义到人民法院起诉、应诉和参加诉讼，并受人民法院判决、裁定约束的公民、法人和其他组织以及水行政机关。在法学上，当事人有广义与狭义之分。广义的当事人包括原告、被告、共同诉讼人、诉讼中的第三人；狭义的当事人则仅指原告和被告。

水行政诉讼当事人具有以下法律特征：

（1）以自己的名义进行水行政诉讼。这是当事人区别其他诉讼参加人的重要标志。诉讼代理人不能以自己的名义进行诉讼。

（2）与水行政争议案件有直接或间接的利害关系。在水行政诉讼中，当事人都是为了维护自己的合法权益而参加诉讼的，所以案件的处理结果与其有着直接或间接的利害关系。

（3）当事人受人民法院终局裁判的拘束。当人民法院经过审理作出裁判而且已经发生法律效力时，当事人必须遵守和执行裁判所载明的内容。

2. 行政诉讼原告的条件和种类

（1）行政诉讼原告。指对行政主体具体行政行为不服，依照《行政诉讼法》的规定，以自己的名义向人民法院起诉的公民、法人和其他组织。所以说，行政诉讼原告大多是行政管理中的行政相对方。根据《行政诉讼法》第二十四条、第七十条，原告主要包括公民、法人和其他组织。

1）公民。合法权益受到行政机关和行政机关工作人员具体行政行为侵犯的公民，有权依照行政诉讼法的规定，向人民法院提起行政诉讼。当然，这里所称的公民是指具有中华人民共和国国籍的公民。

2）法人。法人是具有民事权利能力和民事行为能力，依法独立享有民事权利和承担民事义务的组织。根据《中华人民共和国民法通则》第三十七条的规定，法人应具备下列四个条件：一是依法成立；二是有必要的财产和经费；三是有自己的名称、组织机构和场所；四是能独立承担民事责任。法人作为原告提起行政诉讼时，由其法定代表人出庭应诉。

3）其他组织。除具有法人资格的社会组织外，在我国，还有一大批不具备法人资格，没有取得法人资格的社会组合体。例如以其家庭全部财产承担民事责任的工商个体户、农民承包经营户，或者尚处于筹建阶段的企业、单位等。它们的合法权益受到具体行政行为侵犯而向法院提起诉讼时，由该组织的主要负责人作法定代表人，没有主要负责人时，可由实际上的负责人作法定代表人。

（2）水行政诉讼原告的种类。

1）作为具体行政行为直接对象的公民、法人或其他组织。

2）不服水行政主体复议决定的复议申请人。

3）其合法权益受到水事违法案件被处罚人侵害的。

4）其合法权益因水行政主体的具体水行政行为而受到不利影响的。

5）其合法权益因水行政主体的不作为行为而受到不利影响的。

6）能够提起水政诉讼的公民死亡的，继承其权利义务而提起水行政诉讼的近亲属。

7）能够提起水行政诉讼的法人、其他组织终止的，其权利义务的承受者。

8）同一具体水行政行为中侵害的有利害关系的间接相对人。

（3）水行政诉讼中被告的种类。能够成为被告的水行政主体主要包括：

1）作出被诉具体水行政行为的水行政主体。

2）经复议决定维持原具体水行政行为的，原作出该具体水行政行为的水行政主体。

3）复议机关改变原具体水行政行为的。

4）两个或两个以上水行政主体共同作出的某一具体水行政行为的是共同被告。

5）法律、法规授权的组织所作出的具体水行政行为的。

6）由水行政主体委托其他组织作出具体水行政行为的，该委托的水行政主体是被告。

7）作出具体水行政行为的水行政主体被撤销的，继续行使其职权的机关。

（4）水行政诉讼中的其他当事人。

1）《行政诉讼法》第二十七条规定：同提起诉讼的具体行政行为有利害关系的其他公民、法人或者其他组织，可以作为第三人申请参加诉讼，或者由人民法院通知参加诉讼。

2）《行政诉讼法》第二十六条规定：当事人一方或者双方为二人以上，因同一具体行政行为发生的行政案件或者因同样的具体行政行为发生的行政案件，人民法院认为可以合并审理的，为共同诉讼。

3）诉讼代理人是指根据法律规定，由人民法院指定或者受当事人及其法定代理人的委托，以当事人的名义，在一定权限范围内代理当事人进行诉讼活动的人。

【案例4-5】 一起水利征地补偿的行政应诉案

【案情简介】 1993年底，村民贾某与该村村委签订了果园承包合同，承包了该村集体所有土地16亩，用于果树种植，承包期20年，自1994年1月1日至2013年12月31日。该承包地位于某市最大的河道——大沽河岸边。1996年，某市水利局制定了《某市大沽河综合治理规划》。1998年9月出台了《关于1998年至1999年大沽河综合治理工程的实施意见》。根据上述规划和实施意见，确定对贾某所在村段大沽河实施退堤，该工程由某市下属县级市负责组织实施，计划1998年10月5日开工，12月20日竣工。

1998年9月，该工程的项目法人——某县级市水利局开始前期工作，与当地镇政府一起组织人员清场，其中砍伐了贾某所栽种的997棵苹果树、750棵槐树。并根据1992年省物价局、财政厅《关于调整征用土地亩年产值和地面附着物价格标准的批复》（以下简称“1992年文件”）以及《某市大沽河退堤工程施工图预算》的有关规定，补偿贾某53700元。全部退堤工作于1998年12月3日结束，并通过了竣工验收。

按照原来的设计要求，对贾某所承包的果园，需要永久占压8亩，临时占压0.95亩。后来在施工过程中，经某市水利局、县级市水利局的工程技术人员现场踏勘，共同研究决定，将该段河道变更为复堤，并经过了审批，8.95亩土地全部改为临时占压。

但贾某认为，县级市水利局补偿其的53700元不正确，所适用的1992年文件标准太低，应按照1999年省物价局、财政厅《关于调整征用土地年产值和地面附着物补偿标准的批复》（以下简称“1999年文件”）给予补偿；以及未经其同意，将永久占压变更为临时占压，其得到的补偿费也相应减少。遂以此为由，2001年6月18日，将某市水利局、县级市水利局、当地镇政府作为被告起诉到县级市人民法院。要求给付差额103350元，并承担诉讼费用。县级市人民法院于同年7月13日公开开庭审理，并于同年8月10日作出判决，驳回其诉讼请求。贾某不服一审判决，于2001年9月8日，向某市中级人民法院提起上诉。中院于2002年1月16日开庭审理，并当庭判决，驳回其上诉，维持原判。

【评析意见】

1. 关于本案是行政诉讼案件还是民事诉讼案件的问题

行政诉讼案件与民事诉讼案件最显著的区别在于当事人之间的主体地位是否平等（请注意：并非法律地位。法律地位都是平等的）。《中华人民共和国民法通则》第二条明确规定：“中华人民共和国民法调整平等主体的公民之间、法人之间、公民和法人之间的财产关系和人身关系。”本案是水行政主管部门代表国家，因公共建设（大沽河综合治理）征用土地，与行政管理相对人产生纠纷而引发的行政争议，一方是主动依法履行职责，一方是被动接受管理，因此水利局与贾某之间并非民事法律关系中的平等主体，因此本案应该是行政诉讼案件。

2. 关于本案的被告资格问题

贾某起诉时，把某市水利局、县级市水利局、当地镇政府作为共同被告来起诉。实际上，本案的真正被告只有县级市水利局一个。根据《行政诉讼法》的有关规定，行政诉讼中的被告应该是作出具体行政行为、直接影响到当事人权利义务的行政机关。在本案中，某市水利局从未针对贾某个人作出任何处分其权利义务的具体行政行为。而确定大沽河退堤，是以维护公共安全为目的，根据上级部门的统一部署，由某市水利局和有关部门共同研究，制定了工程实施方案，并按照有关规定下达给项目法人，由项目法人具体组织实施，因此，某市水利局的工作是出于宏观管理需要，是一种抽象行政行为。某市水利局在提交答辩书时，充分阐述了本局不应该作为本案被告的理由，这个答辩意见均被一、二审法院采纳（可以作为第三人参加诉讼，而不能作为被告）。同样的道理，当地镇政府也不应该作为本案被告。本案中，镇政府是作为基层政府组织，协助项目法人进行有关工作，而并非具体征地及砍伐树木的实施者。

3. 关于诉讼时效问题

本案在应诉之初，有意见认为，本案已经超过诉讼时效，贾某无权再提起行政诉讼，人民法院不应受理。因为征占土地、砍伐果树的具体行政行为发生在1998年9月，贾某某起诉是在2001年6月，已经远远超过了《行政诉讼法》第三十九条“公民、法人或者其他组织直接向人民法院提起诉讼的，应当在知道作出具体行政行为之日起三个月内提出”之规定，即便是按照《最高人民法院关于执行〈行政诉讼法〉若干问题的解释》第四十一条的规定，假设在实施征占土地、砍伐果树的具体行政行为过程中，行政机关未告知贾某某诉权，那么其诉讼时效最长也只有两年，也已经超过了。这里有一个诉讼时效中断的问题。按照有关法律规定，“诉讼时效因提起诉讼、当事人一方提出要求或者同意履行其义务而中断。从中断时起，诉讼时效期间重新计算”。在本案中，贾某在起诉前，曾经多次到有关部门上访，最后一次是在2001年，应该视为“当事人一方提出要求”，因此其诉讼时效应该从最后一次上访结束之日起重新计算，如此算来，本案没有超过诉讼时效，贾某有权提起行政诉讼。

4. 关于规范性文件（即补偿标准）的适用问题

在起诉状中，贾某提出，征地行为发生在1998年，当时的物价及社会经济发展水平，自然离1999年较近，因此要求按照1999年文件标准计算和给予补偿。这牵涉到行政法律法规的溯及力问题，而行政法律法规是不具有溯及力的，因此本案只能适用1992年文件的补偿标准。

5. 关于行政行为是否应征得当事人同意的问题

贾某的第二个理由，就是在将永久占压变更为临时占压时，行政机关未通知当事人，因而侵犯了其知情权。行政行为是国家行政机关基于行政职权，以实现国家行政管理为目的，依法实施的单方面行为。本案中，因水利建设而征用土地是一种国家的单方强制行为，不以被征用土地的所有权人或使用权人同意为前提要件。因此，无论是永久占压土地，或者改永久占压为临时占压，只要符合有关技术要求，履行了法律规定的审批程序即可，而不需要征得当事人的同意和准许。

第五节 水政监察体系

水行政监督检查是水政工作中的关键环节和重要内容。水行政监督检查，指县级以上人民政府水行政主管部门和流域管理机构依据法律法规，对其辖区内的行政管理相对人是否遵守和执行水事法律、法规、规章的情况进行检查，以及对行政检查过程中所发现问题的处理和对不执行有关处理决定或不履行法定义务的强制执行。监督检查的方法包括书面检查、实地检查和特殊检查。

一、水政监察的组织及管辖规则

水政监察是指水行政执法机关依据水法规的规定对公民、法人或者其他组织遵守、执行水法规的情况进行监督检查，对违反水法规的行为依法实施行政处罚、采取其他行政措施等行政执法活动。

县级以上人民政府水行政主管部门、水利部所属的流域管理机构或者法律法规授权的其他组织（以下统称水行政执法机关）应当组建水政监察队伍，配备水政监察人员，建立水政监察制度，依法实施水政监察。我国的水政监察组织主要有：省（自治区、直辖市）人民政府水行政主管部门设置水政监察总队；市（地、州、盟）人民政府水行政主管部门设置水政监察支队；县（市、区、旗）人民政府水行政主管部门设置水政监察大队。水利部所属的流域管理机构根据实际情况设置水政监察总队、水政监察支队、水政监察大队。根据有关法律法规的要求和实际工作需要，省（自治区、直辖市）、市（地、州、盟）、县（市、区、旗）水政监察队伍内部按照水土保持生态环境监督、水资源管理、河道监理等自行确定设置相应的内部机构（支队、大队、中队）。

水政监察组织实施水政监察应以法律、行政法规、地方性法规和规章为依据。县级以上地方人民政府根据法律、行政法规、地方性法规和规章制定、发布的规范性文件，也作为水政监察的依据。

水政监察的管辖原则是：①水利部组织、指导全国的水政监察工作；②水利部所属的流域管理机构负责法律、法规、规章授权范围内的水政监察工作；③县级以上地方人民政府水行政主管部门按照管理权限负责本行政区域内的水政监察工作。

二、水政监察队伍的职责

水政监察是我国行政执法体系的组成部分，根据《水政监察工作章程》的规定，专职水政监察队伍的职责主要有：

（1）宣传贯彻《中华人民共和国水法》《中华人民共和国水土保持法》《中华人民共和国防洪法》等水法规。

（2）保护水资源、水域、水工程、水土保持生态环境、防汛抗旱和水文监测等有关设施。

（3）对水事活动进行监督检查，维护正常的水事秩序。对公民、法人或其他组织违反水法规的行为实施行政处罚或者采取其他行政措施。

（4）配合和协助公安和司法部门查处水事治安和刑事案件。

（5）对下级水政监察队伍进行指导和监督。

（6）受水行政执法机关委托，办理行政许可和征收行政事业性规费等有关事宜。

三、水政监察人员的要求及素质

（一）任职要求

水政监察人员是水行政主管部门的专职执法人员，属于政府的法制工作人员，所以水政监察人员不仅要具备一般政府工作人员的基本素质，根据水政监察工作的任务、性质以及水政监察的实践，还应具备一定的专业条件和素质。

（二）水政监察人员必须具备的任职条件

（1）通过水法律、法规、规章和相关的法律知识的考核。

（2）有一定水利专业知识。

（3）遵纪守法、忠于职守、秉公执法、清正廉洁。

（4）具有高中以上文化水平，其中水政监察总队、支队、大队的负责人必须具有大专以上文化水平。

同时，《水政监察工作章程》还就水政监察人员的任免作出以下规定：①水政监察人员上岗前应按规定经过资格培训，并考核合格；②水政监察人员上岗前的资格培训和考核工作由流域机构或者省（自治区、直辖市）水行政主管部门统一负责；③水政监察人员由同级水行政执法机关任免，地方水政监察队伍主要负责人的任免需征得上一级水行政执法机关法制工作机构的审核同意；④水政监察人员实行任期制，任期为3年，水政监察人员任期届满，经考核合格可以继续连任；⑤考核不合格或因故调离工作，任期自动中止，由任免机关免除任命，收回执法证件和标志。

（三）水政监察人员具备的素质

1. 政治素质

政治素质是指工作人员的思想意识、政治觉悟及工作作风方面的体现。作为水政监察人员，必须坚持党的四项基本原则，拥护党的路线、方针、政策，坚持改革开放，在思想上、政治上始终与党中央保持一致，清正廉洁，拒腐防变，在建设有中国特色社会主义伟大事业中作出自己应有的贡献。

2. 扎实过硬的业务素质

水政监察工作是一项复杂的工作，涉及面广，内涵丰富，既要有水利专业知识，又要有基本法律理论知识。要作为一名合格的水政监察员，必须具备全面的业务素质，即综合

的知识结构、谨慎的工作态度、严密的逻辑思维能力、灵活的应变能力和准确生动的语言表达能力、出色的组织能力。

四、水政监察人员在执法过程中的职权及法律责任

1. 职权

根据《行政处罚法》的相关规定，水政监察人员在执行公务时的职权归纳如下：①进行现场检查、勘测和取证等；②要求相对人提供有关情况和材料；③询问当事人和有关证人、作笔录、录音或录像等；④责令有违反水法规行为的单位或个人停止违反水法规的行为，必要时，可采取防止造成损害的紧急处理措施；⑤对违反水法规的行为依法实施行政处罚或采取其他行政措施。

2. 法律责任

水政监察人员在行使执法职权中，由于故意或过失，违反国家法律、法规、规章，作出或导致作出错误的处理决定时，应当追究其责任。有下列情形之一的，由水行政机关追究水政监察队伍和有关责任人的责任：①滥用行政职权、玩忽职守、徇私舞弊的；②所办案件认定事实不清，主要证据不足的；③适用法律、法规、规章错误的；④违反法定程序和法定期限的；⑤处理结果显失公正的；⑥依法应当作为而不作为，造成重大损失的；⑦依法应当受理而不受理或依法不应受理而受理的；⑧故意出具错误证明的；⑨因实施具体行政行为不当，侵犯公民、法人和其他组织的合法权益造成损失的；⑩坐支截留、贪污挪用水利规费资金的；⑪其他依法应追究执法责任的行为。

县级以上人民政府或上级水行政主管部门发现本级或下级水行政主管部门在监督检查工作中存在上述违法行为，应当责令其限期改正；对有违法、违纪、违规、失职、渎职行为的水政监察人员，由水行政执法机关视其情节轻重，给予批评教育或行政处分；构成犯罪的，由有关部门追究其刑事责任。

第五章　水事违法案件处理的程序

《行政处罚法》规定的行政处罚的基本程序，是由行政处罚决定程序和行政处罚执行程序组成的。为行政处罚的实施机关作出行政处罚决定规定了三种法定程序：简易程序、一般程序和听证程序（先调查后裁决）。

第一节　受理与立案

一、立案的条件

立案是案件调查处理活动的开始，是行政处罚过程中的一个重要程序。水事违法案件立案，是指水行政主管部门对控告、举报、自行发现、其他部门移送、上级交办以及下级报送的材料进行审查，认为有违反水法规的事实、需要追究其法律责任时，依法决定展开调查处理的行政程序环节。所以，立案是一项十分严肃的程序环节。强调立案的重要性，不仅在于它是追究违法行为人行政责任的重要环节，还在于它也是保证相对人合法权益得以实现的重要手段。其立案的条件如下：

（1）违反水法规的事实被初步证明为存在。

（2）依照水法规规定，应当给予行政处罚或处理的。

（3）按照分级管理的原则，属于本部门管辖和职责范围内处理的。

（4）在法定时效内。

二、受理与立案的程序

受理与立案的程序就是立案的具体操作过程。使违反水法规行为（或称水事违法案件）的查处工作规范化、制度化，必须严格确立水行政违法案件的立案程序。水行政违法案件的立案应当经过受理、审查、决定三个阶段。

（一）受理

受理实际是接受立案材料的过程。对上级批办、其他部门移送及公民、法人或其他组织举报、控告的涉及本行政区域内有重大影响的水事违法案件，应予以受理；从水行政执法的实践看，水事违法案件立案材料的来源有如下几个方面：

（1）单位或公民个人的控告、举报。举报可用书面、口头。受理口头举报要作详细记录，经核对无误后，由举报人签名盖章（举报人不签名不影响受理）；如是电话举报，经宣读笔录无误后，由受话人代为签名。

（2）其他部门管辖的案件。对不属于本部门管辖的案件，应告知举报人向有管辖权的部门举报，或者先行受理，再将有关材料移送有管辖权的部门。

（3）上级主管部门的交办。上级主管部门在行政执法活动中，发现有水事违法行为并需要根据法律规定追究当事人行政违法责任的，可以交由下级水行政主管部门处理。对上级主管部门交办的案件材料，下级水行政主管部门应当接受，并经初步查实后作为立案的依据。对属于下级水行政主管部门管辖的案件，应在15日内交有关水行政主管部门调查处理。

（4）违法当事人的主动交代。即行为人在实施水事违法行为后，迫于压力，主动地到水行政主管部门坦白交代，经审查其违法事实存在的，即可成为立案的直接依据。水行政主管部门根据其违法程度，在不触犯法律的情况下，给予适当行政处罚。

（二）审查

审查是决定是否立案的依据。案件审核是指水行政主管部门对立案查处的各类水事违法案件的合法性、适当性进行法律审核的活动。符合下列条件的水事违法案件，水行政主管部门应当立案：

（1）审查判断是否具有违反水法规事实；案件事实是否清楚，证据是否确凿充分；程序是否合法，手续是否完备。

（2）审查判断是否依照水法规应当追究法律责任的；违法行为的定性是否准确无误，适用法律法规和规章是否正确恰当，有无超越职权或滥用职权的情况。

（3）审查是否属本部门管辖和职责范围内处理的。从纵向的级别管辖、地域管辖和职责的权限分析，判断本机关是否具有管辖权。如果具有管辖权，即予以立案；否则，应及时通知举报人、控告人向有管辖权的部门举报或控告，必要时，也可将案件材料移送处理。

（三）决定

决定包括准予或不准予两个方面，审核发现以下情形的，按下列程序办理：

（1）对于经审查认为具备立案条件的，应当履行立案程序。①符合立案条件的水事违法案件，应填写“水事违法案件受理、立案呈批表”，经水行政主管部门领导批准后立案；②立案审批批准后，由水政机构指派两人以上水政监察员调查取证；③已经水行政主管部门批准立案的重大案件，应抄报上一级水行政主管部门备案；④经批准立案的案件，应及时指派承办人。承办人员和主管领导，与本案有利害关系，或与本案当事人有其他关系，可能影响公正查处案件的，应当回避。

（2）对于经过审查，认为不符合立案条件的，应作出不予立案的决定。但根据立案材料的来源不同，要有针对性地答复：①对控告、举报的材料，接收材料的行政主体应将不予立案的原因通知控告人、举报人；②对于控告人（被害人）对立案决定不服的，可以申请复查，保障控告人的权利；③对上级主管部门交办的案件，上级部门对不立案决定持有异议的，可督促重新进行审议。

（3）对于案情简单，经审查适用当场处罚程序的，可以在不报请主管部门或水政机构负责人审批的情况下，由水政监察员当场制作“水事违法行为当场处罚决定书”，记明违法行为的有关事实、理由以及相关证据、处罚依据和内容等，并分别由承办人和被处罚人签名或盖章。

第二节　调　查　取　证

一、调查的概念

调查是水行政主管部门查处水事违法案件的一个重要阶段。它是为了查明水事违法案件的真相、获得证据或查处违法行为人的专门调查工作和采取有关行政强制措施的活动。水事违法案件的调查是水行政主管部门运用法律、法规和规章规定的各种专门方法和有关措施，如暂扣作业工具、责令停止违法行为、责令改正违法行为、抽样取证、登记保存等措施。

二、调查的实施程序

实施调查是调查取证工作的重要环节和步骤，是否能及时、有效、准确地取得违法者的违法证据的关键。

1. 询问当事人

询问当事人是指水政监察员为了证实水事违法事实，依法对水事违法行为人或嫌疑人进行审问的调查活动。调查的目的主要表现在三个方面：查处违法事实；查获违法行为人；获取与案件事实有关的各种证据，如书证、物证、证人证言等。

对当事人询问之前，水政监察员应当做好充分准备，认真审阅案件的有关材料，熟悉案件和适用的法律法规，确定所要询问的问题，必要时拟定一份询问提纲，以保证询问有目的、有计划、有步骤地进行。

制作水事案件调查笔录，调查笔录对查明案情事实，正确、及时、合法地查处水事违法行为具有重要意义。如果水行政机关在作出行政处罚决定前所作的调查笔录不规范，一旦引发行政诉讼，可能会导致败诉。

2. 询问证人

询问证人，是指办案人员为搜集证据、查明案情、依法向案件知情者进行了解的一项调查活动，是收集证人证言通常采用的方式。只有全面真实地反映出案件事实，并符合法律对取证过程的要求，调查笔录才能成为定案和处罚的依据。所以，办案中所作的相关联的调查笔录，要做到当事人、证人和其他人员的陈述相互印证，使其环环相扣、符合逻辑。同时，也需要与物证相符合。《行政处罚法》第三十六条、第三十七条规定：行政机关发现公民、法人或者其他组织有依法应当给予行政处罚的行为的，必须全面、客观、公正地调查，收集有关证据；必要时，依照法律、法规的规定，可以进行检查。

3. 勘验、检查

勘验、检查是办案人员对于与水事违法行为有关的场所、物品、人身等进行实地现场勘验、检查，以发现和搜集水事违法活动遗留下来的各种痕迹和物品的一种调查活动。勘验、检查也应当制作勘验检查笔录，由参加勘验和检查的办案人员、专门人员和见证人签名或盖章。

4. 鉴定

鉴定是指水行政主管部门指派或聘请的具有专门知识的人对案件中某些专门性问题进行科学的鉴别和判断的一种调查取证的措施。鉴定人在接受鉴定任务后，应及时按指定事项进行鉴定，并作出具体、明确、完整的鉴定结论。鉴定结论应有鉴定人签名或盖章、鉴定人所在单位加盖公章，并注明鉴定人的真实身份。

在专门调查工作中，除以上几项调查活动外，收集物证、书证和视听资料的方法主要有三种：①抽样取证；②登记保存；③复制。

三、调查终结

调查终结是指行政处罚程序中调查取证工作的结束。在这个阶段中，执法人员应向水行政主管部门提出“案情调查终结报告”。调查终结报告分为以下两种情况：

（1）对当事人应当承担法律责任的报告。对当事人应当承担法律责任的案件，必须同时具备四个条件，才能进入调查终结阶段：①水事违法行为证据确凿、充分；②水事违法行为违法事实存在并已查清，包括违法行为的主体、违法动机、目的、手段、后果、地点和时间等；③对违法行为的性质认定准确；④法律程序规范；对当事人出具的报告书应严格制作，内容全面规范。行政处罚法第三十条明确规定，对于违反行政管理秩序的行为，依法应当给予行政处罚，行政机关必须查明事实；违法事实不清的，不得给予行政处罚。

（2）对当事人不应追究的法律责任的报告。对不应追究法律责任的报告结果调查，发现有对当事人不应追究法律责任的某种情形时，即宣告调查终结，作出撤销案件的决定。此时，执法人员也应写出报告书，说明不应追究当事人法律责任的事实和理由，报请主管部门负责人审批。

第三节　告　知（听　证）

一、告知概述

1. 告知的概念及意义

告知是指行政处罚机关在行政处罚决定之前，将拟作出行政处罚决定的事实、理由、依据及当事人依法享有的权利和义务告诉当事人，并听取当事人对案件处理的陈述和申辩的过程，它是行政处罚的必经程序。

2. 告知的内容及形式

对水事违法案件调查终结，办案机构应当就案件的事实、证据、处罚依据和处罚意见等提出书面报告。经审核机构审核，对违法案件的事实清楚，依法应当给予水行政处罚的，由本部门分管领导审发“行政处罚事先告知书”。“行政处罚事先告知书”中应告知当事人给予水行政处罚的事实、理由、期限、依据和拟作出的水行政处罚决定，并告知当事人依法享有的陈述（申辩）的权利，作出告知通知的机关盖章。

3. 告知的效力

告知当事人是为了使其有机会陈述和申辩。《行政处罚法》规定，行政机关在实施行政处罚过程中，应当听取当事人陈述和申辩；不听取当事人陈述和申辩的，行政处罚决定不能成立。《行政处罚法》规定当事人有权进行陈述和申辩。行政机关必须充分听取当事人的意见，对当事人提出的事实、理由和证据，应当进行复核；当事人提出的事实、理由或者证据成立的，行政机关应当采纳；行政机关不得因为当事人申辩而加重处罚。

二、听证

所谓听证程序，是指在行政机关作出行政处罚决定前，在非本案调查人员主持下，举行有本案的调查人员和相对人参加的，供相对人陈述并与调查人员进行辩论的程序。听证的目的在于在行政处罚决定作出前，广泛地听取有关各方的意见，避免作出违法或不当的处罚决定。

1. 听证的适用条件

严格地说，听证程序不是与简易程序和一般程序相并列的一种程序，而是一般程序中的特殊程序。《行政处罚法》第四十条规定：行政机关作出责令停产停业、吊销许可证或者执照、较大数额罚款等行政处罚决定之前，应当告知当事人有要求举行听证的权利；当事人要求听证的，行政机关应当组织听证。这一规定确定了适用听证程序的实质与形式条件。实质条件：行政机关作出责令停产停业、吊销许可证或者执照、较大数额罚款等行政处罚决定；形式条件：当事人要求听证的，行政机关应当组织听证。当事人不承担行政机关组织听证的费用。

2. 听证程序的实施

（1）当事人要求听证的，应当在行政机关告知后 3 日内提出。

（2）行政机关应当在听证的 7 日前，通知当事人举行听证的时间、地点；何时听证，多长时间听证均由行政机关决定。

（3）除涉及国家秘密、商业秘密或者个人隐私外，听证公开举行（公开是原则）。

（4）听证由行政机关指定的非本案调查人员主持；当事人认为主持人与本案有直接利害关系的，有权申请回避。

（5）当事人可以亲自参加听证，也可以委托 1～2 人代理。

（6）举行听证时，调查人员提出当事人违法的事实、证据和行政处罚建议；当事人进行申辩和质证。

（7）听证应当制作笔录，笔录应当交当事人审核无误后签字或者盖章。

（8）听证结束后，行政机关依照《行政处罚法》第三十八条一般程序的规定，作出决定。

3. 听证结论

行政机关组织听证，一是保障当事人的合法权益不受侵犯；二是保证行政机关行政处罚决定的正确，不能因为听证的不规范影响行政效率，使行政处罚案件久拖不决。因此，听证程序后，听证主持人应及时写出听证报告，连同听证笔录一并上报本机关负责人。内容包括：听证案由；听证主持人、听证员和书记员姓名；听证的时间、地点；听证基本情况；听证支持人意见；所附证据材料清单等。

第四节 处罚决定（处理）

对于已经调查终结，并已履行告知、听证等法定程序的案件，应及时进行审查，制作行政处罚决定书，报主管领导批准后送达当事人。

一、审查

1. 审查的概念

水行政主管部门对水事违法案件进一步复核后，做出正式的处罚决定。办案机构在“案件处理审批表”经提出处理意见，案件材料交审核机构审核，审核机构主要审核内容包括处罚对象是否正确，违法案件的事实是否清楚，证据是否确凿，处罚依据是否准确，处罚措施是否得当、合适，是否符合法定程序；审核机构认为案件事实清楚，证据确凿的，在“行政处罚处理审批表”签署意见，并附案件材料一并送分管领导审签批准。对事实不清、证据不全的案件，由审核机构责成办案机构调查取证，或由审核机构牵头组成联合调查组进行调查取证。

2. 审查结论

对违法行为调查终结，水政监察人员应当就案件的事实、证据、处罚依据和处罚意见等，向水行政处罚机关提出书面报告，水行政处罚机关应当对调查结果进行审查，并根据情况分别作出如下决定：

（1）确有应受水行政处罚的违法行为的，根据情节轻重及具体情况，作出水行政处罚决定。

（2）违法行为轻微，依法可以不予水行政处罚的，不予水行政处罚。

（3）违法事实不能成立的，不得给予水行政处罚。

（4）违法行为依法应当给予治安管理处罚的，移送公安机关；违法行为已构成犯罪的，移送司法机关。法律、法规、规章规定应当经有关部门批准的水行政处罚，报经批准后决定。对情节复杂或者重大违法行为给予较重的水行政处罚，水行政处罚机关负责人应当集体讨论决定。

二、制作行政处罚决定书

1. 行政处罚决定书须载明的事项

水行政处罚机关作出水行政处罚决定，应当制作水行政处罚决定书。水行政处罚决定书须载明下列事项：

（1）当事人的姓名或者名称、地址。

（2）违法事实和认定违法事实的证据。

（3）水行政处罚的种类和依据。

（4）水行政处罚的履行方式和期限。

（5）不服水行政处罚决定，申请行政复议或者提起行政诉讼的途径和期限。

（6）作出水行政处罚决定的水行政处罚机关名称和日期。水行政处罚决定书应盖有水行政处罚机关印章。经有关部门批准的水行政处罚，应当在水行政处罚决定书中写明。

2. 制作决定书的基本要求

（1）执法主体要合法。根据《行政处罚法》和现行水法规的有关规定，具有水行政处罚权的只能是各级人民政府水行政主管部门，其他机构（包括各级水政监察队伍、水土保持监督管理机构等）一律不能作出水行政处罚（处理）决定，否则就是越权行为。

（2）事实表述要清楚。决定书中所表述的事实是指水行政主管部门经过查证属实以后认定的违法事实。一方面要求执法人员能全面、客观地描述案件的事实真相。另一方面也要求执法人员能紧紧围绕水法规，处理属于水行政主管部门职权范围内的事实，用最精炼的文字加以阐述。如在处罚决定书中表述了“当事人违法采砂经营”这一事实，就是不妥的。因为“经营活动”不受水法规制约，即使当事人有违法经营的事实，也不能由水行政主管部门实施行政处罚。

（3）法律依据要正确。每一起案件必须同时引用定性条款和处罚条款，前者用来指明案件的违法所在，后者用来证明处罚主体、处罚（处理）内容的合法性，两者都不可少。

（4）处罚内容要适当。处罚（处理）的内容应根据当事人的违法情节和危害程度，在法定处罚（处理）幅度内给予恰当的选择，以防止畸轻畸重，有失公正。

三、送达

送达是指水行政主管部门依照法定的程序和方式将水行政处罚处理决定书和其他法律文书送交当事人的行为。它是水行政处罚法律文书得以生效的必经程序，也是行政处罚决定发生法律效力的基本前提。《行政处罚法》第四十条规定：行政处罚决定书应当在宣告后当场交付当事人；当事人不在场的，行政机关应当在7日内依照民事诉讼法的有关规定，将行政处罚决定书送达当事人。主要有以下几种方式：

（1）直接送达。登记管理机关作出行政处罚决定，应当在宣告后将决定书当场交付给被处罚人，并由当事人或其负责人在“送达回证”上签名或者盖章，即为送达；其负责人拒绝签名和盖章的，由案件承办人员在“送达回证”上注明。

（2）留置送达。在适用留置送达时，应当注意：①留置送达的条件是受送达人拒绝签收法律文书；②送达人应当邀请有关基层组织的代表到场，说明情况，在送达回证上记明拒绝签收事由和日期；③送达人、见证人要在送达回证上签名或者盖章，把法律文书留在受送达人的住所，即视为送达；④有关基层组织或者所在单位的代表及其他见证人不愿在送达回证上签字或盖章的，由送达人在送达回证上记明情况，把送达文书留在受送达人住所，即视为送达；⑤送达人在送达回证上记明的日期为送达日期。

（3）委托送达。委托送达是指水行政主管部门直接送达确有困难的，而委托有关单位向被处罚人送交水行政处罚决定书的送达方式。委托送达主要适用于被处罚人或者其他利害关系人不在实施行政处罚的水行政主管部门或法定授权组织的管辖地域或居住地，或者受送达人住所地交通不变的情况。接受委托的单位必须具有履行送达职责的能力，且不得再转委托。

（4）邮寄送达。当直接送达法律文书有困难时，也可以采取邮寄送达的方式送达。

采取邮寄送达时，应当注意：①在直接送达有困难时，才能采用邮寄送达；②邮寄送达的，以回执上注明的收件日期为送达日期；③邮寄送达，应当附有送达回证。挂号信回执上注明的收件日期与送达回证上注明的收件日期不一致的，以挂号信回执上注明的收件日期为送达日期；④送达回证没有寄回的，以挂号信回执上注明的收件日期为送达日期。

(5) 公告送达。公告送达是送达的最后一种方式，在适用公告送达时，应当注意以下事项：①通过其他方式都无法送达时，适用公告送达；②公告送达，可以在受送达人原住所地张贴公告，也可以在公开发行的报刊、互联网等媒体上刊登公告；③自发出公告之日起，公告期为60日；④公告期满后，即视为送达；⑤登记管理机关采用公告送达方式的，应当在案卷中记明原因和经过。

(6) 转交送达。如果受送达人是军人、被监禁或者被劳动教养，应采用转交送达方式，主要通过部队的政治机关、监狱或者劳动教养单位转交。

第五节 执 行

一、概念

行政处罚的执行，是指违法当事人对水行政主管部门依法作出的具体行政行为所设定的义务逾期不履行的，由作出该具体行政行为的水行政主管部门依法强制执行或申请人民法院强制执行，以迫使其履行义务，具有明显的强制性。行政处罚决定依法作出后，当事人应当在行政处罚决定的期限内予以履行。如果当事人无正当理由逾期不予履行，则导致行政处罚机关的强制执行。

二、种类

1. 行政强制执行

行政强制执行是指水行政主管部门依法对拒不履行行政法上特定义务的相对人，采取强制手段，强迫他履行义务，或者达到与履行义务相同状态的行为。

2. 司法强制执行

司法强制执行是指人民法院根据水行政主管部门的申请，对拒不履行已经发生法律效力的行政处罚决定的公民、法人或其他组织所进行的强制执行。基本程序是：受理、审查申请→责令当事人限期履行→实施强制执行。

司法强制执行具有以下几个特点：

(1) 执行的主体只能是人民法院。

(2) 执行的前提是作出处罚决定的水行政主管部门在法定期限内申请。这个法定期限一般是3个月，行政处罚决定依法作出后，当事人应当在行政处罚决定的期限内予以履行，对当事人不服处罚决定，但逾期不申请行政复议或复议决定收到后逾期不提起诉讼又不履行处罚决定的，没有行政强制执行权的行政机关可以自期限届满之日起3个月内，申请人民法院强制执行。

（3）执行的范围一般是法律法规未明确授权行政机关自行强制执行的事项，即没有行政强制执行权的行政机关才能申请法院执行。

（4）执行的措施主要以直接强制为主。直接强制执行指义务人不履行义务时，行政强制执行机关对其人身或财产施以强制力，直接强制义务人履行义务或达到与义务人履行义务相同状态的行为，如人身强制（强制传唤）。

三、程序

（一）水行政机关强制执行的程序

根据《中华人民共和国行政强制法》（简称《行政强制法》）的规定，行政机关强制执行的基本程序是：

（1）强制执行程序的启动。行政机关强制执行程序的启动时点是：行政机关依法作出行政决定后，当事人在行政机关决定的期限内不履行义务的。

（2）催告。行政机关作出行政强制执行决定前，应当事先督促催告当事人应当履行的义务。催告应当以书面形式并载明下列内容：①明确当事人自动履行义务所需的合理期限；②制定执行方式；③涉及金钱给付的，必须有明确的金额和给付方式；④当事人依法享有的权利。

在催告期间，对有证据证明有转移或者隐匿财物迹象的，行政机关可不经听取意见（陈述申辩）环节而直接作出立即强制执行决定。

（3）听取行政相对人进行陈述与申辩并记录、复核。当事人收到催告书后有权进行陈述和抗辩，行政机关应当充分听取当事人的意见，记录、复核，理由和证据成立的，应当采纳。

（4）经催告后当事人逾期仍不履行行政决定且无正当理由的，行政机关作出强制执行决定。行政机关以书面形式作出行政强制执行决定。行政强制执行决定书应当载明下列事项：当事人的姓名或者名称、地址；强制执行的理由和依据；强制执行的方式和时间；申请行政复议或者提起行政诉讼的途径和期限；行政机关的名称、印章和日期。

（5）送达。行政强制执行决定书应当在执行时当场交付当事人；当事人不在场的，应当依照民事诉讼法的有关规定在执行后的5日内送达。

（6）实施强制执行（直接强制、代履行等）。实施强制执行需要注意以下几点内容：

1）执行协议制度。实施行政强制执行，行政机关可以在不损害公共利益和他人合法利益的情况下，与当事人达成执行协议。执行协议可以约定分阶段履行；当事人采取补救措施的，可以减免加处的罚款或者滞纳金。执行协议应当履行，当事人不履行执行协议的，行政机关应当恢复强制执行。

2）《行政强制法》第四十三条规定了强制执行的限制条款：行政机关不得在夜间或者节假日实施行政强制执行，但情况紧急或者当事人同意的除外。行政机关不得对居民生活采取停止供水、供电、供热、供燃气等方式迫使当事人履行行政决定。

3）依照法律规定，对违法建筑、违法设立的标示牌等需要强制拆除的，应当遵守下列规定：①由行政机关予以公告，限期当事人自行拆除；②经当事人同意，行政机关可以委托没有利害关系的其他组织代履行；③当事人逾期拒不拆除的，除法律另有规定外，有

行政执法权的行政机关可以依法强制拆除。

（二）水行政机关强制执行的具体方式

根据行政强制执行的手段是否直接，强制执行分为直接强制执行和间接强制执行。直接强制执行是比较严厉的执行手段，极易造成对相对人的合法权益的侵害。一般情况下，只有在适用间接强制执行无法实现义务或者不能适用间接强制执行时，才能采用；而且应该遵守法定的程序。

1. 直接强制执行

直接强制执行分为强制划拨、强制扣缴、强行退还、强行拆除、强制拘留、强制传唤、强制履行等类型。在现行水法律法规中对这些方式都有涉及。如《防洪法》第四十二条规定：对河道、湖泊范围内阻碍行洪的障碍物，按照谁设障、谁清除的原则，由防汛指挥机构责令限期清除；逾期不清除的，由防汛指挥机构组织强行清除，所需费用由设障者承担。

2. 代履行

《行政强制法》第四十九条规定，行政机关依法作出要求当事人履行排除妨碍、恢复原状等义务的行政决定，当事人逾期不履行，经催告仍不履行的，行政机关可以委托没有利害关系的其他组织代履行。代履行应当遵守下列规定：

（1）送达并公告代履行的标的、方式、日期、地点以及代履行人。

（2）在代履行日期的3日前，催告当事人履行；当事人履行的，停止代履行。

（3）代履行时，作出决定的行政机关应当派员到场监督。

（4）代履行完毕，行政机关、代履行人和当事人或者见证人应当在执行文书上签名或者盖章。

（5）代履行的费用由当事人承担。但是，法律另有规定的除外。

立即实施代履行时当事人不在场的，行政机关应当在事后立即通知当事人，并依法作出处理。如《防洪法》第五十七条规定：违反本法第十五条第二款、第二十三条的规定，围海造地、围湖造地、围垦河道的，责令停止违法行为，恢复原状或者采取其他措施补救，可以处以5万元以下的罚款；既不恢复原状也不采取其他补救措施的，代为恢复原状或者采取其他补救措施，所需费用由违法者承担。

3. 执行罚

行政强制执行机关对拒不履行不作为义务或不可为他人替代履行的作为义务的相对人，科以新的金钱（滞纳金，可反复使用）给付义务，以促使其履行义务的强制执行措施。分为滞纳金和加处罚款。滞纳金指行政机关对于到期不缴纳有关税、费的相对人采取加收金钱，以迫使其履行税、费缴纳义务的强制性措施。加处罚款指行政机关对逾期拒不履行行政处罚决定的相对人采取新增罚款数额的措施，以迫使其履行行政处罚决定的强制措施。

当事人逾期不履行水行政处罚决定的，作出水行政处罚决定的水行政处罚机关可以申请人民法院强制执行。当事人到期不缴纳罚款的，作出水行政处罚决定的水行政处罚机关可以从到期之日起每日按罚款数额的百分之三加处罚款。如《水土保持法》第五十七条规定：拒不缴纳水土保持补偿费的，由县级以上人民政府水行政主管部门责令限期缴纳；逾期不缴纳的，自滞纳之日起按日加收滞纳部分万分之五的滞纳金，可以处应缴纳水土保持补偿费 3 倍以下的罚款。

四、水政处罚执行的原则

行政处罚决定依法作出后，当事人应当在行政处罚决定的期限内，予以履行。如果当事人无正当理由逾期不予履行，则导致行政处罚机关的强制执行。但当事人确有经济困难，需要延期或者分期缴纳罚款的，经当事人申请和水行政处罚行政机关批准，可以暂缓或者分期缴纳。

1. 行政复议和行政诉讼不停止执行原则

《行政处罚法》第四十五条规定，当事人对行政处罚决定不服申请行政复议或者提起行政诉讼的，行政处罚不停止执行，法律另有规定的除外。

2. 罚缴分离原则

罚款决定和罚款收缴相分离，是罚款收缴的基本制度。这项制度有利于解决滥收罚款的问题，防止腐败现象的产生。《行政处罚法》第四十六条规定，作出罚款决定的行政机关应当与收缴罚款的机构分离。作出行政处罚决定的行政机关及其执法人员不得自行收缴罚款。当事人应当自收到行政处罚决定书之日起 15 日内，到指定的银行缴纳罚款。银行应当收受罚款，并将罚款直接上缴国库。应当向被处罚人出具省（自治区、直辖市）人民政府财政部门统一制发的罚款收据；不出具统一制发的罚款收据的，被处罚人有权拒绝缴纳罚款。

3. 行政机关当场收缴罚款的特殊情况

执法人员当场作出行政处罚决定，有下列情形之一的，可以当场收缴罚款：

（1）依法给予 20 元以下的罚款的。当场处罚时，依法给予 20 元以下罚款或者不当场收缴罚款事后难以执行的，水政监察人员可以当场收缴罚款。当事人提出异议的，不停止当场执行。法律、法规另有规定的除外。

（2）不当场收缴事后难以执行的。在边远、水上、交通不便地区，水行政处罚机关及其水政监察人员依法作出罚款的决定后，当事人向指定银行缴纳罚款确有困难的，经当事人提出，水行政处罚机关及其水政监察人员可以当场收缴罚款。行政机关及其执法人员当场收缴罚款的，必须向当事人出具省（自治区、直辖市）财政部门统一制发的罚款收据；不出具财政部门统一制发的罚款收据的，当事人有权拒绝缴纳罚款。执法人员当场收缴的罚款，应当自收缴罚款之日起 2 日内，交至行政机关；在水上当场收缴的罚款，应当自抵岸之日起 2 日内交至行政机关；行政机关应当在 2 日内将罚款缴付指定的银行。

五、结案

承办人员在案件执行完毕后，应及时填写“水行政处罚案件结案报告”，经主管领导批准结案后，由承办人员将案件有关材料编目装订、立案归档。案情重大和情况复杂案件以及上级交办的案件，结案后应当报所交办的上级主管部门备案，特别重要的案件，要写出查处情况的专门报告。

第六节　水事案件查处的简易程序

一、概念

简易程序，又称当场处罚程序，主要适用于事实清楚、情节简单、后果轻微的违反行政管理法规的行为。

二、适用范围

《行政处罚法》第三十三条明确规定了简易程序的适用条件：违法事实确凿并有法定依据，对公民处以50元以下、对法人或者其他组织处以1000元以下（罚款或者警告）的行政处罚的，可以当场作出行政处罚决定。当场作出处罚决定不等于可以当场收缴罚款，而且即使当场收缴罚款也应遵循法定的程序。具体包括以下两个方面的内容：

（1）从案件范围来看，可以适用简易程序进行处罚的案件，是违法事实确凿，并有法定依据的处罚轻微的简单案件。所谓违法事实确凿，是指违法行为人对违法事实供认不讳且执法人员发现或证人指供的证据可靠，水行政处罚机关不需要进行大量的调查取证工作就能查清事实，得出符合客观实际的结论。要有法定依据，是指违法当事人所实施的违法行为违背了具体的实体法的规定，即有关的法律法规对该行为明确规定了处罚的种类和幅度。处罚轻微，是指对违法当事人轻微的违法行为，只能给予较轻的行政处罚。

（2）从违法当事人来看，适用简易程序的对公民处以50元以下、对法人或者其他组织处以1000元以下（罚款或者警告）的行政处罚的，可以当场作出行政处罚决定。根据《行政处罚法》的规定，水行政处罚机关在查处简单的水事违法案件时，只是“可以”适用简易程序，而不是“必须”“应当”适用，也就是说，即便是简单的水事违法案件，如果水行政处罚机关认为有必要，也可以适用一般程序处理，而不适用简易程序。而且当事人对于执法人员给予当场处罚的事实认定有分歧而无法作出行政处罚决定的案件，简易程序转为一般程序。简易程序当场作出处罚决定后，执法人员应及时将有关材料送到其所属的水行政主管部门备案。

三、简易程序必须遵循的程序规则

应用简易程序处理违法案件，一般都是执法人员发现违法事实后，直接出具罚款单或作出处罚决定书。对简易程序的适用必须遵循的程序规则如下：

（1）表明身份。应当向当事人出示执法身份证件，证明其执法资格的合法性。

（2）现场调查、确认违法事实。根据现场发现的违法行为的情况，要及时收集必要的证据材料，如拍照、询问当事人或其他知情人员并制作笔录。说明处罚理由和处罚依据。

（3）告知权利、听取申辩。执法人员在认定事实并决定当场处罚后，应当告知给予行政处罚的事实、理由和依据，听取当事人的陈述、申辩。

（4）查证分析，作出决定。针对当事人的陈述和申辩，进一步加以分析，对于当事人的辩解确有道理的，就应予以采纳，然后作出相应的处理。如果通过辩解使案件趋于复杂而当场无法确定违法事实的，或者证据不确凿等，则应决定按一般程序立案调查以保证案件处理结果的正确性。

填写预定格式、编有号码的行政处罚决定书。行政处罚决定书应当当场交付当事人。行政处罚决定书应当载明当事人的违法行为、行政处罚依据、罚款数额、时间、地点以及行政机关名称，并由执法人员签名或者盖章。

（5）当场执行，上报备案。适用简易程序当场作出行政处罚决定，执法人员当场作出的行政处罚决定，必须报所属行政机关备案。当事人对当场作出的行政处罚决定不服的，可以申请行政复议和提起行政诉讼。

【案例5-1】 未经批准在河道上建房被依法拆除案

【案情简介】 1994年4月28日，某县村民陈某，经与第八组村民协商签字，同年5月1日经该村民委员会签具意见，同意陈某在该镇双桥街小溪边建房一间。1995年3月20日，经县城建部门审定，核发了“建设工程规划许可证”（其中房屋约三分之一的面积处于小溪河内）。同年12月，又经该县国土局批准审核，签发“个人建设用地批准书”。申请人于1995年12月8日正式动工建房。1996年5月，房子共3层，其中一层楼是伸入小溪河道内，占去河道近三分之一。1996年6月5日，县水利局向陈某下达了“水事违法案件行政处罚决定通知书”，认为陈某的房子违反了相关法律法规，作出“排除非法建在河道内的房屋”的决定。陈某不服，向县水利局申请行政复议，县水利局未在规定的法定期限内作出答复。陈某于1996年9月向县人民法院提起行政诉讼，1997年1月，县人民法院作出维持水利局行政处罚决定书的决定。陈某仍然不服，又上诉于市中级人民法院。

问题：市中级人民法院应该怎么处理这起案件？

【评析意见】

（1）中院维持县人民法院作出的一审判决。县水利局申请县人民法院对陈某已构建的房子强制拆除。

（2）河道内建设项目的同意是指水事行政主体对在河道管理范围内新建、扩建、改建的建设项目，在其按照基本建设项目履行审批手续前，根据项目建设者的申请，按照河道管理权限进行审查并决定是否同意的一种水事行政行为。本案中心问题是河边建筑物应由谁掌握第一审批权，以及陈某的房子是否属于涉水违法建筑。根据《水法》的规定，在河道管理范围内建设桥梁、码头或者其他拦河、跨河、临河建筑物、构筑物、铺设跨河管道、电缆，应当符合国家规定的防洪标准和其他有关的技术要求。工程建设方案应当依照《防洪法》有关规定报经有关水行政主管部门批准，在本案中，由于陈某的房屋建于小溪边，属于不通航的河道，故应申请县水行政主管部门批准，本案中县规划部门在陈某未经水行政主管部门批准的情况下，核发了“建设工程规划许可证”，越权行使第一审批权是不合法的。陈某未经水行政主管部门批准，在小溪河床上修建房屋，占去河床近三分之一，显然系违章建筑。因此，县水利局基于上述事实和相关法律作出的水行政处罚决定是正确的。县规划部门可以作为行政诉讼第三人参与。

水行政主管部门负责水资源的统一管理和监督工作。在河道上建房应经水行政主管部门批准，未经水行政主管部门批准而修建建筑物，属于违章建筑。应当承担责令停止违法行为，限期拆除违法建筑物、构筑物，恢复原状。逾期不拆除，不恢复原状的，强行拆除。所需费用由违法单位或者个人承担。并处以 1 万元以上 10 万元以下罚款。县规划部门越权审批引起陈某的违章行为，应当承担相应的责任，对陈某予以赔偿。

第六章　水事纠纷的预防和处理

防治水害和开发利用水资源，是人类社会改造自然的伟大实践。由于水利涉及面广，在水资源开发利用中，上下游、左右岸之间以及防洪、排涝、灌溉、供水、航运、水能利用、水环境保护等各项水事活动中，往往存在着不同的利益需求，存在着相互作用、错综复杂的利害关系。这些水事利害关系如果处理不当，就会引起水事纠纷。

第一节　水事纠纷及调解概述

一、水事纠纷及调解概述

1. 水事纠纷的含义及特征

水事纠纷时指在开发、利用、保护、管理水资源、改善水环境和防治水灾害等水事活动中所发生的各种权益纠纷。根据我国现行法律规定和水事纠纷的特点和性质，可将水事纠纷分为水行政争议和水事民事纠纷两类。水行政争议，是指在不同行政区域之间发生的有关水事权利义务的矛盾和争执。水事民事纠纷，是指单位与单位之间、单位与个人之间、个人与个人之间发生的有关水事权利义务的矛盾和争议，通常当事各方是平等主体的关系。

综合分析各地水事纠纷发生的情形，有着明显的基本特征：内在因素具有多因性；表现形式具有多样性；时空分布具有特定性；强调过程具有复杂性；调处结果具有反复性。在当前建设资源节约型、环境友好型社会和社会主义和谐社会的时代背景下，积极有效地采取工程或非工程措施，做好水事纠纷的预防和处理工作，必将对经济社会的可持续发展起到重要的保障作用。

2. 水事纠纷调解概述

水事纠纷调解是发生水事纠纷的当事人在平等自愿的基础上，由水行政机关居中主持，通过友好协商、互让互谅的方式达成协议，从而解决水事纠纷的行政行为。它是介于水行政复议与水事法律诉讼之间的一种救济措施。在水事纠纷调解中，国家水行政主管机关以中间人的角色，在调解中居于主导地位。主持调解时，以维护法律、法规的正确实施和国家利益为前提，兼顾双方当事人的合法利益，以求达成和解。调解和行政调解对解决水事纠纷有很大帮助。

二、水事纠纷的类型

（1）洪涝和干旱引发的水事纠纷。洪涝季节，水位上涨，水库超蓄，增淹农田，使农作物受损，易引发纠纷；或因干旱、降水减少、水库缺水，上下游、左右方经常发生争水纠纷。

（2）兴建水电工程引发的水事纠纷。水电工程的修建，必然要淹没一部分土地，使部分地区受损，在补偿问题上处理不当，也会引发纠纷。

（3）擅自兴建水工程引发的水事纠纷。未经批准擅自修建的水工程，损害了上下游、左右岸的利益而导致纠纷。

（4）工业及基本建设引发的水事纠纷。开矿、修路、采石等如不采取预防措施，容易造成水土流失，淤塞水库，阻碍河道而引发纠纷。

三、水事纠纷调解的原则

为了有效地调处水事纠纷，必须掌握以下重要原则：

（1）局部利益服从全局利益。一切水事活动都具有一定的利益相关性，一方受益，另一方可能就会受到不利影响。我们只能从全局利益出发考虑问题，破解纷争。在不损害大局的前提下，人民政府和其授权的部门有责任保护地区、单位和个人的合法权益。对于为顾全大局而牺牲局部利益的一方，国家或受益一方应当给予适当补偿。

（2）统筹兼顾，协调发展。由于水资源是可再生的动态资源，各项水事活动之间相互影响，在处理上下游、左右岸、干支流与防洪、治涝、灌溉、排水、供水、水运、水电、水产、环境保护等各项事业之间的水事关系时，必须统一规划。无论地区之间经济发达与否，资源都要统筹兼顾、协调发展，充分体现公平性。

（3）尊重历史，面对现实，着眼未来。尊重历史，是指在调处水事纠纷时，对纠纷的历史情况进行调查，对历史上处理过的协议给予充分考虑。面对现实，即从实际出发，在尊重历史的基础上，根据当前的现实情况，依法作出调整，维护有关各方的合法权益。着眼未来，要求有关各方以发展的眼光、全新的思路来解决纠纷。

（4）维持现状。《水法》第五十六条、第五十七条均规定，在水事纠纷解决前，当事各方不得单方面改变现状。这是禁止性规定，主要是为了防止纠纷激化，扩大事态，也为解决水事纠纷赢得时间，创造良好的社会环境。

（5）强化组织。水事纠纷发生后，有管辖权的人民政府和相关机构不得相互推诿，必须立即采取措施，制止事态的发展，维护好现状，并做好干部群众的思想工作，防止矛盾激化。对借机抢夺公私财物，危害公共安全和非法阻碍、干扰执行公务的人员应依法追究法律责任，不得庇护。对参与不同行政区域之间水事纠纷协商的各方代表，应当强调组织原则，要求他们站在全局的立场，发扬团结治水的精神，尊重事实、尊重规律、尊重科学，力争协商一致。在协商不成时，依法提请共同上一级人民政府裁决。政府裁决后，有关各方应无条件执行，不能以各种理由拖延执行或讨价还价。对拒不执行上级政府裁决，致使争议进一步扩大，造成不良后果的，还要追究相关责任人的责任。

【案例6-1】 水事纠纷认定案例

【案情简介】 某年1月8日晚7时，村民孟某途经某县黄河河务局管辖的进湖水闸（已废弃）时，不慎从水闸北侧摔落沟中死亡。经公安机关现场勘查，认定孟某为饮酒过量失足跌落沟中意外死亡，其家属无异议，自行料理了后事。次年6月5日，其家属委托律师作为诉讼代理人，向县人民法院提交诉状，状告该县黄河河务局作为水闸管理单位，疏于管理，闸桥栏墙存有豁口，未设置明显标志和采取安全防护措施，造成孟某意外死亡，要求县河务局承担死亡补偿金、丧葬费、抚育费、赡养费合计10.26万元。

10月29日，法院开庭对该案进行了审理，原告诉称闸桥北东侧转弯处栏墙存有豁口，致使孟某骑自行车途经该闸跌落致死，应由县河务局承担法律责任并依照规定进行赔偿。被告县河务局称，死者当晚饮酒，本身有过错，死亡时间在夜间9时许，次日8时才被发现，事发时既无人证，又无物证，称从闸旁护墙豁口处摔下致死，无充分证据进行佐证。法院经审理查明，根据公安机关勘查报告，死者所行方向和摔落地点，均不在主桥范围内，死者死亡与被告管理疏忽之间没有因果关系，所诉理由与事实不符，被告不承担民事责任。在确凿的证据面前，原告提出要求进行法庭调解，被告拒绝。原告看到索取赔偿费无望，向法院提出撤诉申请，县法院作出民事裁定书准许原告撤诉，由原告承担全部诉讼费用。

【案例分析】 该案引起河道主管机关的深思，特别是2004年5月1日最高人民法院颁布实施了《关于审理人身损害赔偿案件适用法律若干问题的解释》，明确规定“道路、桥梁、隧道等人工建造的构筑物因维护、管理瑕疵致人损害的，由所有人或者管理人承担赔偿责任，但能够证明自己没有过错的除外”；如上述情形“因设计、施工缺陷造成损害的，由所有人、管理人与设计、施工者承担连带责任”。这明确规定了道路、桥梁等工程建筑在设计、施工和管理过程中，要符合有关安全指标，避免瑕疵出现；对建筑物运行过程中产生的人为或自然磨损缺陷，管理单位要及时修缮，履行法定义务，对水利工程设施管理提出了更高的要求。在本案中，由于孟某死亡系醉酒导致，本身存在过错；同时，根据现场勘察、模拟，死者所行方向和摔落地点，均不在主桥范围内，排除了意外死亡与闸桥栏墙豁口之间的因果关系，免除了河道主管机关的责任。如果孟某确实是从闸桥栏墙豁口处掉入闸后河道摔死，河道主管机关管理瑕疵致人死亡的责任则难以逃脱。对于年久失修失去作用的水利工程设施，需要权属移交、改变用途或报废拆除的，应及时办理有关手续并报废拆除，以免因多年老化失修、疏于监管，留有事故隐患，发生意外事故承担水事纠纷责任。

第二节　水事纠纷的预防

水事纠纷一旦发生，水行政主管部门的作用空间相对较小，调处的难度也较大。因此，作为水行政主管部门，应将更多的精力放在水事纠纷的预防和预警机制的建设上，做到预防为主，未雨绸缪，把可能出现的矛盾化解在基层，消灭在萌芽阶段。经过调研和综合分析，建议建立健全四项预防机制。

一、水事纠纷预防机制

1. 宣传引导机制

大量水事纠纷源于经济利益的争夺，但在深层次上还源于人们在文化层面的习惯认知，因此，对各种水事活动的主体以及社会公众加强宣传引导应作为预防水事纠纷的重要机制。各级水行政主管部门特别要加强水事矛盾突出地区、行政区域边界地区的水法制宣传，充分利用“中国水周”“世界水日”等有利时机，加大《水法》《防洪法》《水污染防

治法》《水土保持法》及《取水许可和水资源费征收管理条例》等水法律法规的宣传，增强全民法律意识。同时要打破传统宣传方式，创新宣传途径，普及法律知识，有效预防水事纠纷事件的发生。如在水库周边、河道管理范围等区域设置危险告知警示牌，对该区域可能出现的危险情况和禁止行为实施友好告知，以便提前做好防范措施。

2. 规划约束机制

水利是一个庞大的、多元的、多层次的系统工程，利害关系错综复杂。因此，防治水害和开发利用水资源，必须进行全面规划，从全局和宏观上、从战略布局上进行统筹安排，才能做到在全局上合理，又兼顾局部的利益和要求，形成和谐的水事秩序，预防和避免水事纠纷的发生。实践证明，凡是规划比较合理并能严格按照规划实施的地区，纠纷就会相对较少。因此，做好统一、科学、合理的规划是防治和解决水事纠纷的必要前提。实践中，应做好以下工作：

(1) 依照法定程序和权限，组织编制各类规划。县级以上水行政主管部门应当根据流域综合规划，会同有关部门编制水资源综合利用规划和河道专业规划，并按有关规定的程序报批后实施。

(2) 对未制定规划的，要求采取补救的利益协调措施。可规定“暂时未制定河道规划的，必须及时协调上下游、左右岸以及干支流之间的关系，确需修建工程的，经利害关系各方人民政府协商一致并在工程项目建议书中附利害关系各方的承诺书”。

(3) 强化规划在水事活动中的基础地位和约束作用。在已划定规划治导线的省际边界河流，整治河道和修建控制引导河水流向、保护堤岸工程等，应当兼顾上下游、左右岸的关系，按照规划治导线实施，不得任意改变河水流向。经批准的流域规划、水利专业规划、规划治导线、跨地的水量分配方案和跨地水事协议等，应作为预防和调处水事纠纷的基本依据。

3. 排查预警机制

水事纠纷的预防重在平时对各类隐患的排查，并建立相应的预警措施。一旦出现可能导致矛盾激化等情形，立即可以启动相应的对策措施。

(1) 建立健全水事矛盾敏感区域的水事纠纷排查机制和日常巡查机制。应当坚持并深化水事纠纷排查机制，实现经常排查与集中排查、全面排查与重点排查相结合，在排查过程中及时分析纠纷形成的原因，弄清纠纷的症结所在。在排查的同时，建立健全水政监察日常巡查制度，加强对水事矛盾突出地区、行政边界地区水事秩序的监督检查，并依法及时查处水事违法案件。

(2) 建立水事纠纷报告制度。充分发挥基层水利员的作用，及时上报各类水事矛盾和隐患，做到早发现、早报告、早处置，切实解决“管得着、看不见”的难题。

(3) 建立健全科学有效的水事纠纷预警信息系统。在水利设施分布电子图上标明水事矛盾的名称、所在区域、主要原因、预防措施、责任单位和责任人等。运用现代信息技术，建立健全先进多方位的水事纠纷信息平台，通过新技术赋予信息平台自动预警功能。

(4) 完善和深化水事纠纷应急处置机制。各级水行政主管部门应当根据分级负责、加强预防、快速反应、依法处置、强化教育的要求，制定水事纠纷应急处置预案。在应急预案中明确水事纠纷应急处置的组织指挥体系及其相应责任、监测预警和信息报送机制、水事纠纷分级处置的规则、应急处置的保障机制等。

4. 审批监管机制

实践中，很多纠纷的产生源于没有经过合法的程序与权限办理相关审批手续，或者虽然已办理审批手续，但不按照批准的要求实施。因此，要有效预防水事纠纷，必须依法规范水行政许可行为，同时切实加强审批后的监管职责。

（1）严格依法审批。重点是在行政许可事项的审批中，关注建设项目与规划的衔接情况，对不符合规划或在审批中没有明确是否符合已有规划的，及时提出相关意见。

（2）加强各方协调。新建、改建、扩建各类水工建设项目，应及时协调上下游、左右岸以及主干流之间的关系，征求相邻地区的水行政主管部门的意见，从源头杜绝可能引发水事纠纷的因素。

（3）强化项目监管。建设项目经批准后，建设单位应当按照经批准的相应内容和工程建设方案进行施工。施工期间，水行政主管部门应加强对建设单位的监督检查，如发现未按照规定要求进行施工的，应当依法责令整改。

（4）落实业主责任。有的水行政审批的项目，在实施过程中如果不采取一定的防护措施，极易造成危害。如河道采砂过程中，如果不及时复平砂坑，就会导致他人入坑嬉水而溺水身亡。因此，在河道采砂许可时，应当要求采砂户落实复平责任，设置警示标志和防护设施等。对于涉河建设项目，应当要求施工单位落实安全度汛相关责任以减少非典型水事纠纷的发生。

二、水事纠纷预防相关法律制度

（一）水行政信访概述

信访工作应当在各级人民政府领导下，坚持属地管理、分级负责，谁主管、谁负责，依法、及时、就地解决问题与疏导教育相结合的原则。县级以上人民政府应当设立信访工作机构；县级以上人民政府工作部门及乡、镇人民政府应当按照有利工作、方便信访人的原则确定负责信访工作的机构或人员，具体负责信访工作。

（二）水行政信访的处理程序

1. 信访事项的提出

信访人采用走访形式提出信访事项，应当向依法有权处理的本级或者上一级机关提出；信访事项已经受理或者正在办理的，信访人在规定期限内向受理、办理机关的上级机关再提出同一信访事项的，该上级机关不予受理。

2. 信访事项的受理

信访工作机构收到信访事项，在15日内作出是否受理决定，按照“属地管理、分级负责，谁主管、谁负责”的原则，直接转送有权处理的水行政机关。有关行政机关应当自收到转送、交办的信访事项之日起15日内决定是否受理并书面告知信访人，并按要求通报信访工作机构。对不属于本机关职权范围的信访事项，应当告知信访人向有权的机关提出。

有关行政机关收到信访事项后，能够当场答复是否受理的，应当当场书面答复；不能当场答复的，应当自收到信访事项之日起15日内书面告知信访人。

3. 信访事项的办理和督办

对信访事项有权处理的行政机关办理信访事项，应当听取信访人的陈述事实和理由；必要时可以要求信访人、有关组织和人员说明情况；需要进一步核实有关情况的，可以向其他组织和人员调查。对重大、复杂、疑难的信访事项，可以举行听证。

信访事项应当自受理之日起60日内办结，情况复杂的，经本行政机关负责人批准，可以适当延长办理期限，但延长期限不得超过30日，并告知信访人延期理由。

（三）水行政信访法律责任

负有受理信访事项职责的行政机关在受理信访事项过程中有下列情形之一的，由其上级行政机关责令改正；造成严重后果的，对直接负责的主管人员和其他直接责任人员依法给予行政处分：

（1）对收到的信访事项不按规定登记的。

（2）对属于其法定职权范围的信访事项不予受理的。

（3）行政机关未在规定期限内书面告知信访人是否受理信访事项的。

对信访事项有权处理的行政机关在办理信访事项过程中，有下列行为之一的，由其上级行政机关责令改正；造成严重后果的，对直接负责的主管人员和其他直接责任人员依法给予行政处分：

（1）推诿、敷衍、拖延信访事项办理或者未在法定期限内办结信访事项的。

（2）对事实清楚，符合法律、法规、规章或者其他有关规定的投诉请求未予支持的。

对于行政机关工作人员违反《信访条例》将信访人的检举、揭发材料或者有关情况透露、转给被检举、揭发的人员或者单位的，依法给予行政处分。在处理信访事项过程中，作风粗暴、激化矛盾并造成严重后果的，依法给予行政处分。

【案例6-2】 一起一触即发的水事纠纷的妥善处理案

【案情简介】 1995年，某县遇上了百年不遇的特大干旱，全县90万亩中稻，受旱严重的达40多万亩，大部分塘堰干涸，水库蓄水减少。面对严重的干旱，县委、县政府组织县直机关200多名干部职工深入基层，组织群众抗旱。该县位于温峡口水库北干渠灌区的某镇和某乡，干旱十分严重。按历年的规定，均是轮流放水灌田，由于今年水库可放的水越来越少，就打乱了原放水的一些规定。而且干旱的时间长，农田用水量大，供求的矛盾越来越突出。某镇和某乡是紧邻的两个地区，同放一条渠的水，某镇由于水少田多，村组干部不能满足农民用水的需要，就跑到镇政府所在地找领导，吵架要多放水。而该镇的一位书记不仅不作细致的思想工作，还说："你们放不到水，说明你们无能。"无形中在群众中也播下了争水闹事的种子。某乡也是一样，在山上开了一些荒田，用水就更为困难，他们放点水，还必须经过某镇管水的同志的同意方能让点给他们。这样，又在这一部分群众中出现埋怨情绪，他们发牢骚说："同是共产党领导，同在一个县的版图上，为什么不一样地对待呢?"也产生了一种要水闹事的情绪，一场水事纠纷迫在眉睫。县里参加抗旱的同志发现这个问题后，及时向领导作了汇报，县政府领导立即赶赴现场，对双方的用水量进行了全面调查，采取了三条措施：第一，从抓教育入手，做深入细致的思想工作。分片对乡镇村组干部做了"同心协力，顾全大局，积极抗旱，夺取丰收"的教育。第二，从现实出发，切实解决稻田用水的实际困难。由于情况掌握具体，哪些田块需要及时放水，哪些田块可以缓几天，一直把用水计划落实到田块。本着先远后近，先丘陵后湖区的原则放水，放水也只放“跑马水”，不准灌塘堰，更不准浪费水。第三，由县里去的领导牵头，组织双方干部共同管水。一个干部管一个闸门，根据计划，统一调度，合理配水。谁管的闸门出了问题，谁就得受党纪、政纪处分。由于措施具体得力，两个乡镇的干部群众都很满意，一场即将爆发的水事纠纷就这样平息下去了。

【评析意见】 这起一触即发的水事纠纷能得到妥善处理，主要是县政府领导行政沟通与行政协调工作做得好，行政指挥与行政控制得力的结果。在行政管理中，指挥、沟通、协调和控制是行政执行的基本环节。通过有效的指挥，使行政执行活动沿着预定的轨道前进；通过有效的沟通，可以互通信息，增进相互之间的了解，获得对共同任务的一致认识，从而产生协调一致的行动，消除隔阂，减少矛盾；而行政协调的作用在于使各单位、各成员之间能够在行政管理活动中分工合作，密切配合，避免矛盾、摩擦，减少离心力，增进机关的向心力；有效的控制则可以纠正行政执行过程中的偏差，及时发现执行过程中的意外情况，防止失控。本案例中，该县领导充分发挥了这几个环节的作用，从而把这场水事纠纷妥善化解。主要经验是：沟通及时、协调得当、指挥有方、控制得力。

第三节　水事纠纷的处理

新修订的《水法》规定，水事纠纷的处理方式有各方协商、居间调解、政府裁决和司法判决四种。具体来说，可按照水行政争议和水事民事纠纷两类进行分析。

一、调处水行政纠纷的程序

（一）水行政争议的处理

不同行政区域之间的水事纠纷，当事各方往往都是行政区域的代表。他们都会从维护本地区的利益出发，据理力争，互相博弈。这时，只有按照行政管理的组织原则去处理才是最为有效的。首先由当事方本着团结协作、互谅互让的精神主动协商；协商不成的，由共同的上一级人民政府裁决。实践中，上一级人民政府裁决前，一般都会授权相关主管部门组织当事方再次协调，要求当事方消除地方保护主义和本位主义，顾全大局，尊重科学，兼顾各方利益，协商处理好争议。如果真的协商不了，只有上一级人民政府作出裁决。这时，有关各方必须遵照执行，不得提起行政诉讼。

（二）水事民事纠纷的处理

单位之间、个人之间、单位与个人之间发生的水事纠纷是属于民事性质的纠纷，这类水事纠纷既受水法调整，也受民法调整。按照处理民事关系的法律规范，首先由当事双方协商，当事人不愿协商或者协商不成的，可以申请地方人民政府或者授权部门调解。当事人不愿协商或者协商与调解不成的，还可以向人民法院提起诉讼。这里的诉讼，是民事诉讼，不是行政诉讼，被告是当事的另一方，而不是调处水事纠纷的政府或者授权部门。

（三）水事纠纷处理中的临时处置措施

水事纠纷在处理过程中，有时会存在一些不稳定因素，有的工程造了一半，遇到汛期可能会出现险情；有的双方矛盾非常尖锐，有一触即发之势，如果不采取有效措施加以防

范，事态将会很难控制。这时，《水法》第五十八条作了明确规定："县级以上人民政府或者其授权的部门在处理水事纠纷时，有权采取临时处置措施，有关各方或者当事人必须服从。"这一规定包括的含义如下：

（1）县级以上地方人民政府或者其授权的主管部门在处理水事纠纷时，有权采取临时处置措施，当事人必须服从。

（2）在处理水事纠纷中，对当事人的一些行为采取行政、经济措施加以限制，是县级以上政府及其授权主管机关的权利。

（3）临时处置措施的适用范围必须是针对需要予以制止、限制、消除等情形的出现。

（4）临时处置措施的采取具有法定强制力，当事人必须执行而不得违背。

这一规定，授予了县级以上地方人民政府或者其授权的部门在处理水事纠纷时采取临时处置措施的权利，有关各方和当事人必须服从。这是为了防止矛盾激化，事态扩大，造成更大损失而规定的特别授权。

二、水事纠纷的解决机制

1. 跨行政区域之间发生水事纠纷的解决机制

在我国，国务院水行政主管部门、流域管理机构和县级以上地方人民政府水行政主管部门是国家依法设立的水行政管理机构。这些机构在具体行使其职权中，往往会因为管理体制不顺、职权交叉重叠，或者协调不好、违法管理，而引起利害关系人的不满，从而造成水行政纠纷的发生。

对于这些纠纷，《水法》第六十五条规定有两种解决方法：一是协商处理；二是由上一级人民政府裁决，裁决的效力是有关各方必须遵照执行。《水土保持法》第三十一条规定：对地区之间发生的水土流失防治的纠纷，一是协商解决；二是对协商不成的，由上一级人民政府处理。《水污染防治法》第二十六条规定：对跨行政区域的水污染纠纷，由有关地方人民政府协商解决，或者由其共同的上级人民政府协调解决。《防汛条例》规定：对地区之间在防汛抗洪方面发生的水事纠纷，由发生纠纷地区共同的上一级人民政府或其授权的主管部门处理。

2. 单位之间、个人之间、单位与个人之间发生水事纠纷的解决机制

水事纠纷是平等主体之间就水资源的开发、利用、污染、破坏和保护，甚至对合法水权的交易而产生的争议纠纷。其中最常见和主要的有水事侵权纠纷和水事合同纠纷两种。《水法》第五十七条规定：对单位之间、个人之间、单位和个人之间发生的水事纠纷，有三种方法：一是协商解决；二是当事人不愿协商或者协商不成的，可以申请县级以上地方人民政府或者其授权的部门调解；三是提起民事诉讼。县级以上地方人民政府或者其授权的部门调解不成的，当事人可以向人民法院提起民事诉讼。《水土保持法》第三十九条规定：水土流失赔偿责任和赔偿金额的纠纷，可以根据当事人的请求，由水行政主管部门处理；当事人对处理决定不服的，可以向人民法院起诉。当事人也可以直接向人民法院起诉。《水污染防治法》第五十五条规定：对水污染损害赔偿纠纷，可以根据当事人的请求，由环境保护部门或者交通部门的航政机关处理；当事人对处理决定不服的，可以向人民法院起诉。当事人也可以直接向人民法院起诉。

三、水事纠纷的解决措施

开发和利用水资源，推动经济发展，难免在地区之间、单位之间、单位与个人之间，因各自利益的不同而产生水事矛盾。也有的由于认识的局限性，在规划、设计上考虑不周，造成了分歧或损害，酿成纠纷。因此，《水法》在总结我国历史经验的基础上，同时借鉴了国外一些水事管理行之有效的办法，规定了相应制度和措施，主要有：

（1）建立和健全水行政管理体制，改变各自为政、政出多门，缺乏综合与协调的弊端。

（2）规定了水资源综合科学考察、调查评价和统一规划的制度，力求做到宏观决策的科学化、民主化和战略布局的合理化。

（3）规定了兴建水工程必须征求有关地区和部门意见的程序和审批程序，使工程建设方案更加符合统筹兼顾、综合利用的原则，避免了盲目性和片面性。

（4）充分发挥非诉性质调处机制。

目前，解决水事纠纷基本上是以和解、调解、行政处理（包括行政协商手段、行政裁决手段）、诉讼等手段进行解决的。水事纠纷的当事人都希望省时、省事、平和公正地解决纠纷，因此，充分发挥非讼性质的调处机制解决水事纠纷，应成为水法规对水事纠纷解决的首选方式，它不仅有利于节省公共资源，而且有利于提高纠纷解决的效率，更有利于和谐社会的构建。

因此，依法做好协商对话工作，化解矛盾，加强协作和团结，才能最大限度地兼顾各方利益，促进经济的发展。同时我们也应看到，水事纠纷的实质是水权之争，在市场经济条件下，我们还应加强水政执法工作，及时依法调处水事纠纷，使有限的水资源在工农业生产中发挥更大的作用。

【案例6-3】 水事纠纷预防案例

2005年1月7日，在都江堰灌区发生了一起破坏水利工程的水事案件——位于都江堰灌区控制范围内的郫县花园镇三邑村、都江堰市圣安村两村村民采取游动方式，集体非法毁坏了位于都江堰市崇义镇公平村江安河上的一处河堤。人们不禁要问，两村村民为什么要触犯法律破坏水利工程？事件的起因还要追溯到20世纪80年代。这起水事案件的矛盾焦点为用水之争。

圣安村于1976年在江安河上建了一个电动水磨，供全村人磨面使用，取名茅草堰，后改为装机150kW的小型电站。1989年，该村通过入股方式筹集资金，申请建一座总装机容量为1040kW的水电站，取名为三圣水电站，工程分两期完成。第一期工程于1991年投产，在未申报的情况下，工程扩容250kW。第二期工程于1997年投产。

位于三圣水电站上游的温江区新天师电站于1988年批准建设，由于种种原因，2002年4月才建成发电，电站从试运行开始就全闸落水发电，上下游之间的矛盾也随之而来。处于下游的三圣水电站长年断流，直接影响了圣安村与郫县花园镇5个村的生活用水及农业生产用水。

2002年4月28日，都江堰市政府致函原温江县政府，两地领导及相关部门于4月29日就用水矛盾进行协商，但由于各种原因，一直未形成用水的量化指标。

【纠纷解决过程】 2005年1月26日，省水利厅召集有关各方，召开会议研究这起毁坏水利工程的案件，并形成了会议纪要。江安河为省管河道，都江堰市、温江区、郫县同属于都江堰灌区控制范围，且《四川省都江堰工程管理条例》又对水事案件处理有具体明确的规定。为便于行政协调与执法处理，会议最后议定：第一，由都江堰管理局牵头，组织对毁损事件进行调查处理，相关部门给予配合；第二，因江安河河段用水管理属于都江堰灌区东风渠管理处具体负责，由东风渠管理处制定水量调度方案，保证下游用水；第三，都江堰市政府要立即组织恢复被毁河堤，保证春灌和防洪安全；第四，新天师水电站按涉水事务建设的审批程序重新申报，三圣水电站扩容部分依法按相关规定处置。

按照省水利厅协调会精神，都江堰管理局水利综合监察支队对这起水事案件进行了处理：崇义镇政府于2005年2月修复了河堤工程，并由东风渠管理处验收合格。为从根本上制止新天师水电站全闸落水发电，东风渠管理处对水电站引水闸门轨道上段焊封50cm，迫使其降低水头运行。同时要求，新天师电站和圣安村所修电站必须按规定向东风渠管理处报送用水计划，东风渠管理处在兼顾上下游电站利益的原则上，根据不同季节制定相应的配水方案。有关水行政执法部门经过对破堤情况开展认真调查和核实，根据《水法》等法规规定，对破堤违法事件的2名直接责任人进行了处理，责令其写出检讨书，并承担修复被毁河堤所需工程款。

【案例法理分析】 这是一起因上下游村庄开发水能资源引发的边界水事纠纷，由于在初起之时，没有得到及时处理，导致发生了群体事件，成为破坏水利工程的水事违法案件。经过省水利厅的协调，有关地方政府和水行政主管部门的依法处理，妥善处理了上下游的关系，化解了用水矛盾，使这个地区又恢复了正常的水事秩序。我们从这起水事纠纷演变为水事违法案件的典型案例中可以得到启示：处理边界水事纠纷必须贯彻预防为主、预防与处理相结合的原则；本案发生的初期（2002年4月至2005年1月），矛盾已经发生，上游电站的发电用水已经对下游电站以及6个村庄的生产、生活用水产生影响。这个阶段是预防和解决纠纷，防止矛盾激化的最好时期。但在本案中，有关单位虽进行了协调工作，却未取得实质性的成果，矛盾进一步发展激化，最终爆发了群体性水事违法案件。好在事件发生后，省水利厅进行了及时处理。纪要对立即恢复被毁河堤、调查处理违法事件、制定水量调度方案和处理未经审批建设电站等问题作了规定，纪要形成后的落实成为关键环节。

第四节　水行政群体性事件处置

群体性事件，一般指的是具有某些共同利益的群体，为了实现某一目的，采取静坐、游行、集合等方式向党政机关施加压力，出现破坏公共财物、危害人身安全、扰乱社会秩序的事件。一般分为暴力事件和非暴力事件。它的参加人数少则十几人，多则成百上千人，具有很强的对抗性和社会复杂性，如果处理不当则会产生极其严重的后果。

在涉及水利的群体性事件中，所涉及的已不仅仅是个人利益而往往会涉及群体性利益。如区域间的水资源开发、区域之间争抢水资源等。一旦处理不当极易产生群体性事件。在水行政执法过程中，遭遇到群体性突发事件是在所难免的，关键在于事先能有所预防，尽量防止这类群体性事件的发生。一旦发生群体性事件，要在第一时间控制事态的发生与发展，已经发生较大规模的群体性突发事件时，要及时跟进官方的解释与信息发布工作，避免不实消息满天飞，同时积极应对媒体。

一、水行政群体性事件的预防措施

水行政执法过程中，既不能害怕引发群体性事件而放弃执法要求，更不能为了执法随意侵害群众的利益。应从缓解疏导社会矛盾、密切干群关系的角度出发，切实做到依法行政、执法为民，减少执法矛盾，减少诱发突发性群体事件的行政执法因素。为此需采取一些预防措施：

（1）加强执法队伍建设，提升执法人员素质，建立起一支政治过硬、思想进步，具有高度责任心、业务精的基层水行政执法队伍。

（2）创新水法的宣传形式，使水法制观念深入人心，预防和减少水事违法行为的发生，增强群众同水事违法行为作斗争的勇气。

（3）加强对水行政执法的监督，保证水行政执法的公平和公正，保障依法行政，防止以权谋私、徇私枉法、执法犯法等不良行为的发生。

（4）水政监察机构需同公、检、法、司等法制部门，同林业、土地、环保等有关行政部门以及同上级业务主管部门之间的联系、协调、配合形成合力来推动水利法制化进程，加强对重大水事案件的查处力度。

二、水行政群体性事件的处置措施

在水行政执法过程中，如果确实不能避免而引起了群体性事件，一定要在第一时间控制群体性事件的发展，避免矛盾的扩大化和事态的严重化。并采取以下处置原则及措施。

（一）处置原则

在处理水行政群体性事件过程中，必须坚持以下原则：

（1）冷静分析原则。当水行政群体性事件发生时，应冷静分析事件发生的原因及发展的趋势。根据所掌握的信息及事件的规模和严重程度预测事件发展的趋势，做到心中有数，寻求处理的有效方法措施。

（2）疏导教育原则。水行政群体性事件处置中，遵循“可散不可聚、可顺不可激、可解不可结、可疏不可堵”的原则，因势利导，慎重决策。

（3）依法行政原则。水行政群体性事件涉及面较大，处置时绝不能感情用事，更不能作无原则的承诺，必须时时处处依法办事，依政策办事，依原则办事。

（4）当机立断原则。处置水行政群体性事件必须及早介入，在群体性事件爆发初期使之得到控制或平息，以合理合法的解决方案快速行动、当机立断、占据主动，避免矛盾激化、事态扩大，减小社会影响，降低危害程度。

（5）标本兼治原则。水行政群体性事件平息后，对在事件中牵头的骨干人员要加强回访，加大警示教育力度，消除其对立情绪，确保让其心悦诚服。

（6）以人为本原则。水行政群体性事件的参与者多为普通老百姓，在现场处置和后续工作中，要坚持以人为本、服务为民的原则，从群众利益的角度出发考虑问题，千方百计

解决群众所集中反映的问题，努力减轻群众对政府的不满和抵触情绪。

（二）处置措施

有效处置水行政群体性事件的主要措施包括：

（1）集中领导，各方协调。水行政群体性事件处置必须在集中领导下，协调、统筹各有关职能部门，从社会稳定大局出发共同协调处置群体性事件来解决群众反映的问题。

（2）准确把脉，剖析根源。遇到水行政群体性突发事件，要冷静地分析事件的起因，剖析事件的根源所在。群体性事件之所以会发生，肯定是群众的要求得不到满足，而这些要求有些是合理的，应该解决；有的是不适当的过高要求，一时无法解决；有些则属无理要求，根本不能解决。对此要厘清思路，分类处理。

（3）深入现场，直面矛盾。要深入现场做工作，面对面解决问题，化解矛盾，控制事态发展。要真诚对待群众、态度诚恳；即使对极少数有过激行为或别有用心、有意挑起事端的人，也要注意场合，讲究策略，万不可在群众不明真相、正在火头上时，动用权力解决问题。对群体性突发事件，一定要积极主动地做工作，决不能“拖、等、看”，否则等到事件性质变化了、情况恶化了再采取措施，就会十分被动。

（4）加强回访，不留后患。对水行政群体性突发事件发生后，做好善后工作，绝对不能弄虚作假，欺骗群众。

三、水行政群体性事件的媒体应对

在当今信息传播渠道高度发达的形势下，新闻发言人机制是避免媒体炒作、消除谣言、引导舆论、树立形象的一个非常有效的手段。突发事件发生后，在边处置的同时，边拟好对外发布的材料，并迅速报经主管组织审查后用一个口径答访，用书面材料代替随口答访，争取主流媒体“先报”，确保及时准确公开信息，用坦诚的态度和科学的方法进行准确的报道，将记者的思路引导到正面关注上来。水行政执法人员面对媒体要有信心、要讲诚信，要向媒体和公众说真话；不清楚的信息，不要含含糊糊地说或者说得含含糊糊，一定要待调查核实后再回复，决不能信口开河，随意编造糊弄记者。面对记者，只有“是”“不是”“不清楚”的回答，切忌“可能是”“大概是”“也许是吧”等模棱两可的表态。让记者真正了解事件的全过程，争取记者、媒体能客观公正地报道事件。

在积极应对媒体的过程中，要遵循如下原则：

（1）遵循真实、坦诚的原则。面对媒体的采访，一定要坦诚相待，以事实为依据，客观真实地传递信息。对记者问及的情况不甚了解或者没有把握，就宁可少说或者不说，绝不可以说假话，不可以胡编滥造。面对问题的实质，在把握政策的前提下，一定要坦诚对待，不回避、不隐瞒。

（2）遵循前后一致的原则。面对媒体发表言论，要对该事件有完整的了解，经过成熟的思考，作出准确的定性后，再发表观点和看法。对所陈述的事件内容、对事件所发表的看法、所持的态度，都要前后一致，切不可自相矛盾，否则将严重损害党和政府的公信力。

（3）遵循主动的原则。在接受媒体采访时，应当事先有所准备，要把握与媒体交往的主动权，绝不能被媒体“牵着鼻子”走。接受采访之前，最好能提前了解来访媒体和记者的基本情况，掌握来访记者对新闻事件的关注点和兴奋点，从而有针对性地做好准备。对于新闻事件的敏感问题和个别记者可能提到的尖锐问题，也必须有充分的心理准备，想好应对的办法。

第五节　水事法律责任与监督体系

一、水事法律责任

法律责任，是指由于行为者的作为或不作为导致法律所保护的社会关系受到损害，依法应当承担的某种不利的后果。法律责任的依据是法律，法律责任的追究和实现必须得到国家强制力的保证。

水事法律责任是指公民、法人、其他组织及其工作人员，不履行水事法律、法规规定的义务，或者实施了水事法律、法规禁止的行为，并具备了违法行为的构成要件，应当承担的不利后果。

水事法律责任构成是指构成法律责任的各种必备的主客观要件的总和，具体来说，包括主体、过错、违法行为、损害事实和因果关系。

（1）主体。水事违法者必须具有法定责任能力，能够成为水事违法主体的自然人必须是达到法定年龄并具有责任能力的人，能够成为违法主体的组织必须是能够独立承担责任的法人和其他组织。

（2）过错。即承担法律责任者具有主观故意或过失。在刑事责任中，主体的故意和过失是认定、衡量刑事责任的重要因素；在民事中，过错的意义不像刑事中那么重要，有时甚至不以过错为前提条件，比如无过错责任、公平责任等。

（3）违法行为。水事违法必须是行为人在水事活动中违反水事法律、法规的行为，既可以是积极的作为，也可以是消极的不作为。承担水事法律责任的行为，必须具备两个特点：一是必须是外在活动，单纯的思想意识活动不是违法行为；二是必须对水事法律、法规的违反，否则，不应承担法律责任。

（4）损害事实。即水事违法行为造成了确定的损害结果，包括对人身、财产、精神、政治的损失和伤害。损害事实应当具有确定性，即损害事实已经发生，而不是臆想的、虚构的、尚未发生的。只有损害事实已经发生，才能请求法律上的救济。

（5）因果关系。即水事违法行为与损害之间的因果关系。法律上所讲的因果关系不仅要求两种事务、现象存在一般的时空联系，而且要求一方导致和必然引起另一方的产生。法律上的因果关系包括直接因果关系和间接因果关系。直接因果关系即某人的行为导致了某种损害的产生，比如甲盗窃乙的财物，导致乙财产上的损害。间接因果关系指某人的行为与损害有关，是损害的必要原因，而损害的直接原因为后加入的原因，比如甲伤害乙，乙受伤后感染而死亡，则甲行为与乙死亡之间存在间接因果关系。因果关系的方式不同，常常决定责任的轻重与有无。作为直接原因的行为原则上要承担法律责任，而作为间接原因的行为只有在法律规定的情况下才承担法律责任。

根据水事违法行为所违反的法律性质不同，可以把水事法律责任分为水事民事责任、

刑事责任、行政责任与违宪责任。

水事民事责任是指自然人、法人或其他组织及其工作人员违反民事法律而应承担的法律上的不利后果。水事活动中涉及的民事违法，主要指不法侵犯他人财产权。

水事行政责任是指行为人违反了水事行政法律规范而应承担的不利后果。水事行政违法行为属于一般性违法。水事行政违法行为主要由水行政机关认定，如果行为人不服，一般可通过行政复议和行政诉讼解决。另一部分水事行政违法行为是指水行政机关、法律法规授权的机关或组织、受委托的组织及其执法人员违反纪律，但尚不构成犯罪的行为。

水事刑事责任是指因违反水事方面刑事法律的规定而应承担的法律上的不利后果。水事刑事责任，是最严厉的责任形式。

水事违宪责任是指因违反宪法而应承担的法律上的不利后果。水事领域的违宪责任是一种特殊的责任，它主要由两种行为产生：一是指国家机关制定的水事方面的法律、法规、规章、决定、命令和决议等，与宪法的原则和内容相抵触；二是指重要的国家机关领导在水事领域行使职权的过程中的行为与宪法的原则和内容相抵触。违宪责任的实现方式主要有撤销同宪法相抵触的法律、行政法规、地方性法规，罢免国家机关领导人等。

二、水事行政法律责任

（一）水事行政法律责任的概念

水事行政法律责任，简称水事行政责任，是指水行政主体在行使水行政管理职权的过程中，以及公民、法人或其他组织在水事活动中，违反水事行政法律规范而应承担法律上的不利后果。

水事行政责任具有以下特征：

（1）承担水事行政责任的主体主要有水行政机关（包括法律法规授权的机关和组织）及其工作人员，公民、法人和其他组织。除水行政相对人外，水行政主体及其工作人员也可以成为水事行政责任的主体。

（2）水事行政责任是水事法律关系主体在水事活动中，具有违反水事行政法律规范的行为而应承担的不利后果。水事行政责任，是水事领域的行政责任，除违反《水法》《防洪法》等专门法律规范所规定的义务外，还包括在水事活动中违反其他行政法律规范所规定的义务。

（二）水事行政违法的种类

1. 水行政机关的行政违法行为

（1）水行政失职行为。这是一种不作为或者不及时作为的违法行为，是指水行政机关在行使职权、行政管理活动中有义务作出某种行为以履行法定职责，却不履行或不及时履行，使相对人或国家利益受到损害。《行政复议法》第二十八条第二款规定，“被申请人不履行法定职责的，决定其在一定期限内履行”；《行政诉讼法》第五十四条第三款规定，“被告不履行或者拖延履行法定职责的，判决其在一定期限内履行”。

（2）主要证据不足的水行政行为。主要证据不足水行政行为是指水行政机关作出行政行为，用来定案的证据不充分，或者认定的案件事实不清。《行政复议法》第二十八条第三款第一项规定，“主要事实不清、证据不足的”“决定撤销、变更或者确认该具体行政行为违法”；《行政诉讼法》第五十四条第二款第一项规定，“主要证据不足的”“判决撤销或者部分撤销”。

(3) 适用法律、法规错误的水行政行为。适用法律、法规错误的水行政行为是指水行政机关适用了不正确的法律、法规作出的水行政行为。

(4) 违反法定程序的水行政行为。违反法定程序的水行政行为是指水行政机关行使行政权不按法定的手段、方式和程序办理，不能有效保护水行政相对人的合法权益和国家与公众的利益。《行政复议法》第二十八条第三款第三项规定，“违反法定程序的”“决定撤销、变更或者确认该具体行政行为违法”；《行政诉讼法》第五十四条第二款第三项规定，“违反法定程序的”“判决撤销或者部分撤销”。

(5) 水行政越权行为。这是一种积极作为的水行政作为，但是它超越了水行政机关法定的权限范围或者被法律、法规授权的组织超越了法律、法规授权的范围。《行政复议法》第二十八条第三款第四项规定，“超越职权的”“决定撤销、变更或者确认该具体行政行为违法”；《行政诉讼法》第五十四条第二款第四项规定，“超越职权的”“判决撤销或者部分撤销”。

(6) 滥用职权的水行政行为。滥用职权是指水行政机关或者法律、法规授权的组织，滥用法律、法规授予的职权，违反该项法律、法规的立法原则和宗旨，以致损害了相对人合法权益或公共利益。《行政复议法》第二十八条第三款第四项规定，“滥用职权的”“决定撤销、变更或者确认该具体行政行为违法”；《行政诉讼法》第五十四条第二款第五项规定，“滥用职权的”“判决撤销或者部分撤销”。

(7) 明显不当的水行政行为。明显不当的水行政行为，是指水行政机关作出的行政决定与违法行为的事实、性质、情节及社会危害程度明显不相当。《行政复议法》第二十八条第三款第五项规定，“具体行政行为明显不当的”“决定撤销、变更或者确认该具体行政行为违法”；《行政诉讼法》第五十四条第四款规定，“行政处罚显失公正的，可以判决变更”。

2. 水行政执法人员的行政违法行为

(1) 执行职务上的违法，如玩忽职守、滥用职权、贻误工作、打击报复、弄虚作假、泄露国家机密等。

(2) 财产方面的违法，如贪污受贿、以权谋私、挥霍公款、铺张浪费等。

3. 水行政相对人的行政违法行为

(1) 违反水事专门法律规范的行为。《水法》法律责任一篇规定的水行政相对人的行政违法行为主要有：

1) 在河道管理范围内建设妨碍行洪的建筑物、构筑物，或者从事影响河势稳定、危害河岸堤防安全和其他妨碍河道行洪的活动。

2) 未经水行政主管部门或者流域管理机构同意，擅自修建水利工程，或者建设桥梁、码头和其他拦河、跨河、临河建筑物、构筑物，铺设跨河管道、电缆。

3) 虽经水行政主管部门或者流域管理机构同意，但未按照要求修建前款所列工程设施的。

4) 在江河、湖泊、水库、运河、渠道内弃置、堆放阻碍行洪的物体和种植阻碍行洪的树木及高秆作物的和围湖造地或者未经批准围垦河道的。

5）在饮用水水资源保护区内设置排污口的。

6）未经水行政主管部门或者流域管理机构审查同意，擅自在江河、湖泊新建、改建或者扩大排污口的。

7）生产、销售或者在生产经营中使用国家明令淘汰的落后的、耗水量高的工艺、设备和产品的。

8）未经批准擅自取水的和未依照批准的取水许可规定条件取水的。

9）拒不缴纳、拖延缴纳或者拖欠水资源费的。

10）建设项目的节水设施没有建成或者没有达到国家规定的要求，擅自投入使用的。

（2）违反《中华人民共和国治安管理处罚法》（简称《治安管理处罚法》）的行为，主要包括：

1）侵占、毁坏水工程及堤防、护岸等有关设施，毁坏防汛、水文监测、水文地质监测设施的。

2）在水工程保护范围内，从事影响水工程运行和危害水工程安全的爆破、打井、采石、取土等活动的。

3）在水事纠纷发生及其处理过程中煽动闹事、结伙斗殴、抢夺或者损坏公私财物、非法限制他人人身自由的。

4）拒绝、阻碍国家工作人员依法执行公务，未使用暴力、威胁方法的。

（3）违反了其他相关行政法律规范的行为。

（三）水行政执法责任

水行政执法责任是指水行政机关或法律、法规授权的组织，在行使水行政职权过程中，由于违法或不当的行为给公民、法人或其他组织的合法权益造成损害所应承担的不利后果。水行政责任分为水行政机关执法责任和水行政执法人员执法责任。水行政机关或法律、法规授权的组织的违法或不当执法行为，由水行政机关自身或该组织承担水行政执法责任；被委托的组织的违法或不当执法行为，由委托的水行政机关承担水行政执法责任，再由委托的水行政机关依据委托关系追究该组织的责任；水行政执法人员的违法或不当执法行为，由所属水行政机关承担赔偿责任，再由该水行政机关对有故意或重大过失的执法人员行使追偿权。

1. 水行政机关承担的行政执法责任

水行政执法机关承担行政执法责任的方式主要有以下几种：

（1）撤销或者部分撤销原水行政行为。此种方式适用原水行政执法行为完全或部分违法，主要针对原水行政执法行为事实不清、证据不足、法律依据错误。

（2）变更原水行政执法行为或责令重作。此种方式主要针对的是原水行政执法行为实体上明显不当、违反法定程序、超越职权或者滥用职权。

（3）停止侵害。水行政执法机关的具体水行政行为已经执行，在认定违法后，应当立即停止执行；如果不停止执行，行政相对人可申请有关国家机关强制停止执行。

（4）返还财产。即由水行政机关负责将非法获得的罚款、非法收取的费用、非法没收的财物归还给相对人；非法冻结的账号应予解冻；非法查封的财产予以启封以及归还非法没收的证照等。

(5) 恢复原状。恢复原状包括工作的恢复，建筑物的恢复，被损坏、遗失的财产的重作、修理与重换等。

(6) 恢复名誉。因违法的具体行政行为而使公民、法人或其他组织的名誉受到损害的，水行政机关应予恢复。

(7) 赔礼道歉。即水行政机关向被侵害的当事人认错，取得对方谅解。

(8) 赔偿损失。即水行政机关对其违法或不当行为给行政相对人造成的损失作金钱上的赔偿。

上述几种方式可以单独使用，也可以合并使用，应根据具体情况而定。

2. 水行政执法人员承担行政执法责任

(1) 行政处分。这是行政机关对行政执法人员违法行为所广泛实施的一种制裁措施。行政处分，也称为行政纪律处分，是指行政机关内部上级对下级以及监察机关、人事部门按照行政隶属关系，对违反政纪的人员依法给予的一种法律制裁。目前，我国实行公务员制度，对直接负责的主管人员和其他直接责任人员的行政处分应当按照《国家公务员暂行条例》的规定执行。一般而言，给予行政处分大致分为三种情况：其一，对违法行为较轻，仍能担任现任职务的人员，可以给予警告、记过、降级处分；其二，对违法行为较重，不宜继续担任现任职务的人员，给予降职或者撤职处分；其三，对严重违法失职，屡教不改的，可以给予开除处分。具体给予违法行为人何种处分，应当由其任免单位、监察机关根据不同情况作出。

(2) 经济赔偿。水行政机关在向行政相对人履行赔偿责任之后，对故意或重大过失的水行政执法人员可以进行追偿。水行政执法机关根据执法人员个人过错的程度和应负责任的大小，责令执法人员承担赔偿费用的全部或部分，但应有一个限度，避免造成过错执法人员的生活困难。

(四) 水行政相对人承担的行政责任

1. 水行政处罚

水行政处罚是相对人承担水事违法行政责任的一种重要方式。《水法》第六十五条、第六十六条、第六十七条、第六十八条、第六十九条、第七十条、第七十一条、第七十二条、第七十四条都规定了违反《水法》应承担的行政责任。依据《水行政处罚实施办法》第四条，水行政处罚的种类有警告、罚款、吊销许可证、没收非法所得以及法律、法规规定的其他水行政处罚。

依据《水行政处罚实施办法》第五条，主动消除或者减轻违法行为危害后果的，受他人胁迫有违法行为的，配合水行政处罚机关查处违法行为有立功表现的，其他依法从轻或者减轻水行政处罚的，应当依法从轻或者减轻水行政处罚；违法行为轻微并及时纠正，没有造成危害后果的，不予水行政处罚。

2. 治安管理处罚

《水法》第七十二条、第七十四条均规定，违反《中华人民共和国治安管理处罚条例》(简称《治安管理处罚条例》) 的，依法给予治安管理处罚。《治安管理处罚条例》已于2006年3月1日被《治安管理处罚法》所取代。水事管理涉及的治安管理主要有：

第三十三条　盗窃、损毁水利防汛工程设施或者水文监测、测量、气象测报、环境监

测、地质监测、地震监测等公共设施的，处十日以上十五日以下拘留。

第五十条　阻碍国家机关工作人员依法执行职务的，处警告或者二百元以下罚款；情节严重的，处五日以上十日以下拘留，可以并处五百元以下罚款。

第二十五条　散布谣言，谎报险情、疫情、警情或者以其他方法故意扰乱公共秩序的，处五日以上十日以下拘留，可以并处五百元以下罚款；情节较轻的，处五日以下拘留或者五百元以下罚款。

第二十六条　强拿硬要或者任意损毁、占用公私财物的，处五日以上十日以下拘留，可以并处五百元以下罚款，情节较重的，处十日以上十五日以下拘留，可以并处一千元以下罚款。

第四十条　非法限制他人人身自由、非法侵入他人住宅或者非法搜查他人身体的，处十日以上十五日以下拘留，并处五百元以上一千元以下罚款；情节较轻的，处五日以上十日以下拘留，并处二百元以上五百元以下罚款。

第四十三条　殴打他人的，或者故意伤害他人身体的，处五日以上十日以下拘留，并处二百元以上五百元以下罚款；情节较轻的，处五日以下拘留或者五百元以下罚款。

依据《治安管理处罚法》第十条，治安管理处罚的种类包括警告、罚款、行政拘留等。

3. 限期履行法定义务

相对人怠于履行水事法律、法规规定的义务，水行政主体可以责令其履行该项义务。如果相对人在法定期限内仍不履行的，水行政主体可以依法采取强制措施，并给予行政处罚。

《水法》第六十五条、第六十七条、第六十九条、第七十条、第七十一条都有此规定。

4. 恢复原状

相对人的水行政违法行为改变水资源的所有权、使用权的权属状态；或者危害水资源利用、公共安全的，水行政主体可以责令其恢复原状。

水行政主体在对相对人适用上述水事行政责任类别与方式时，既可以单独适用一种，也可以同时适用多种。但对水事相对人的同一个违法行为，不得给予两次以上的水行政处罚。

三、水事民事法律责任

（一）水事民事责任的概念及特点

水事活动中涉及的民事权利主要是财产权。财产权包括物权和债权。物权是指民事主体依法对特定的物进行管理支配并享受物之利益的排他性财产权利，最核心的部分就是所有权。民事中的债，是指按照合同约定或法律规定在特定当事人之间产生的权利义务。享有权利的是债权人，负有义务的是债务人，债权人享有请求债务人为一定行为或不为一定行为的权利。

水事民事责任是指水事法律主体在水事活动中，侵犯他人的合法民事权利而依法应当承担的法律责任。水事民事责任具有如下法律特征：

（1）水事民事责任以财产赔偿为主。在水事活动中，水事民事责任主体违法侵犯他人合法的民事权利，主要是财产权。所以，行为人承担民事责任的方式也主要是财产性的经济补偿，而以非财产性的措施为辅。

（2）水事民事责任以弥补损失和恢复原状为原则，经济补偿的数额一般等于而不能高于受害人所受到的损失，除非合同有约定或者法律有规定。

（3）当事人可以处分权利。民事活动中，当事人可以自行协商，自由处分自身权利，但不得侵犯他人合法权益和公共利益。

（二）水事民事违法行为

1. 公民、法人和其他组织的水事民事违法行为

《水法》及其配套法律、法规规定了公民、法人或其他组织在水资源开发利用与保护、防治水土流失过程中，侵犯他人的合法民事权益而应承担民事责任的行为。主要有以下几种情况。

（1）侵犯他人的合法权益的行为。

1）引水、截（蓄）水、排水，损害公共利益或者他人合法权益的。

2）侵占、毁坏水工程及堤防、护岸等有关设施，毁坏防汛、水文监测、水文地质监测设施，或在水工程保护范围内，从事影响水工程运行和危害水工程安全的爆破、打井、采石、取土等活动，对他人造成损失的。

3）开采矿藏或者建设地下工程，因疏于排水导致地下水水位下降、水源枯竭或者地面塌陷，对他人生活和生产造成损失的。

4）造成水土流失，直接损害单位和个人合法权益的。

（2）侵犯了水行政主体和水利工程管理单位合法权益的行为。公民、法人或者其他组织破坏、损毁水利设施，如堤防、水闸、护岸、抽水站、排水沟等防洪工程、水利工程；破坏、损毁水利设备，如水文、通信设施以及防汛备用的器材、物料，侵犯水行政主体和水利工程管理单位对水利设施设备的所有权和使用权的，依法也应承担赔偿责任。

（3）侵犯供水单位的合法权益的行为。《水法》第五十五条规定，使用水工程供应的水，应当按照国家规定向供水单位缴纳水费。供水单位和用水户之间的关系，受《水法》调整，采用合同或其他形式确定。供水单位必须依约向用水户供水，由此享有向用水户收取水费的权利；用水户享有依约取用水的权利，但必须按时足额缴纳水费。

（4）侵犯水利投资者合法权益的行为。为了搞好水利建设，扩展水利投资资金来源，国家允许公民、法人或者其他组织从事水利项目投资。法律保护水利投资者合法的财产所有权和投资收益权。如果公民、法人或其他组织不当干涉或破坏投资者财产所有权和投资收益权，依法应当承担相应的民事赔偿责任。

2. 水行政机关的水事民事违法行为

（1）侵犯水工程征收者合法权益。水行政机关为了建设水工程，必然涉及征收公民、法人或其他组织的土地、房屋、厂房、设施、设备等财产。在征收过程中，水行政机关应当依法公平、公正地保护行政相对方的合法权益。在我国，征收决定一般属于行政法律规范调整的范围，征收补偿一般适用民事法律规范，如最高人民法院《关于受理房屋拆迁、补偿、安置等案件问题的批复》（法复〔1996〕12号）。

（2）行政侵犯。水行政主体及其工作人员在行使水行政职权过程中，违法造成他人损

害的，依法也应当承担民事责任。当事人可以在提起水行政复议和水行政诉讼时提出行政赔偿，也可以按民事法律规范通过民事途径予以解决。

（三）水事民事法律责任类型

1. 制止性民事责任

（1）停止侵害。此种责任适用于侵害行为已经危害到他人合法的财产权利，其目的是制止侵害行为的继续和防止损害进一步扩大。

（2）排除妨碍。此种方式适用于权利人因受到非法侵害行为而无法正常行使权利的情况。

（3）消除危险。这是一种预防措施，适用于虽然非法侵害未造成实际的损失，但将来有可能甚至必然造成侵害的情况。

2. 弥补性的民事责任

（1）返还财产。此种方式适用于侵权人因侵犯行为而获得受害人已经取得的财产，如侵权人盗窃受害人水利设备。

（2）恢复原状。这种方式适用于侵权行为人侵害权利人的水利设施设备，有必要恢复的情况。

（3）赔偿损失。这是适用面最广的责任方式，一般来说，凡是侵权行为人给权利人造成损失的情况，都可以适用赔偿损失。赔偿的损失，既包括实际损失，也包括可以获得的利益。

3. 其他民事责任

（1）支付违约金。此种方式主要适用于水事合同法律关系中的责任，但是必须要有当事人的特别约定。

（2）消除影响、恢复名誉、赔礼道歉。这几种责任方式在水事相邻关系中较普遍。

四、水事刑事法律责任

（一）水事刑事法律责任的概念及特征

水事刑事法律责任是指在水事活动中，违反刑事法律规范，而应承担的法律责任。

刑事法律具有补充性，即只有一般部门法不能充分保护某种社会关系时，才由刑事法律加以保护；只有当一般部门法还不足以遏制某种危害行为时，才适用刑事法律。所以，刑事法律具有最后法律的特征。刑事法律的最后法律特征体现在，在所有法律制裁措施中，刑罚制裁是最具严厉性的。

刑事法律是包括宪法在内的其他部门法律的保护法，没有刑法做后盾，其他部门法往往难以得到贯彻实施。所以，一般部门法只是调整和保护某方面的社会关系，而刑事法律所调整和保护的范围涉及社会生活的方方面面。可以说，凡是部门法保护和调整的社会关系，最终都可能需要刑法保护和调整。

我国大陆地区采用闭合式犯罪构成理论。刑法规定的犯罪，从构成要件上都须具备四个方面的要件：犯罪主体、犯罪的主观方面、犯罪的客观方面、犯罪客体。

（1）犯罪主体，是指实施犯罪行为的人。每一种犯罪，都必须有犯罪主体，有的犯罪是一个人实施的，犯罪主体就是一人，有的犯罪是数人实施的，犯罪主体就是数人。根据刑法规定，公司、企业、事业单位、机关、团体实施犯罪的，构成单位犯罪，因此，单位也可以成为犯罪主体。

（2）犯罪的主观方面，是指犯罪主体对其实施的犯罪行为及其结果所具有的心理状态。犯罪主观方面的心理状态有两种，即故意和过失。

（3）犯罪的客观方面，是指具体的犯罪行为。

（4）犯罪客体，是指刑法所保护而被犯罪行为所侵害的社会关系。犯罪客体和犯罪对象是不同的，犯罪对象是犯罪行为所直接针对的对象，而犯罪客体是指刑法所保护的不受非法侵害的社会关系。

（二）公民、法人或其他组织刑事犯罪类型

1．决水罪和过失决水罪

《水法》第七十二条规定，有下列行为之一，构成犯罪的，依照刑法的有关规定追究刑事责任：①侵占、毁坏水工程及堤防、护岸等有关设施，毁坏防汛、水文监测、水文地质监测设施的；②在水工程保护范围内，从事影响水工程运行和危害水工程安全的爆破、打井、采石、取土等活动的。这两种行为可能涉及决水罪和过失决水罪。

决水罪，是指故意利用水的破坏作用，制造水患，危害公共安全的行为。构成此罪须具备以下要件：①客观方面实施了决水行为，即使受到控制的水的自然力解救出来，造成水的泛滥的行为，决水的方法可以是作为也可以是不作为，所解放的水可以是河流中的水，也可以是储存的水；②主体是已满16周岁，具有刑事责任能力的自然人；③主观方面只能是故意。须注意的是，此罪并不要求造成严重后果，只要危害到公共安全就可以构成此罪。

过失决水罪，是指过失造成水患，危害公共安全，致人重伤、死亡或者使公私财产遭受重大损失的行为。构成此罪须具备以下要件：①客观方面要求引起了水患，致人重伤、死亡或者使公私财产遭受重大损失，仅有造成水患的行为但没有造成严重后果的，不能构成过失决水罪；②主观方面只能是过失。

2．侵占罪、盗窃罪、抢夺罪

《水法》第七十三条规定，侵占、盗窃或者抢夺防汛物资，防洪排涝、农田水利、水文监测和测量以及其他水工程设备和器材，构成犯罪的，依照刑法的有关规定追究刑事责任。有上述行为的，可能构成侵占罪、盗窃罪和抢夺罪。

侵占罪是指以非法占有为目的，将他人的交给自己保管的财物、遗忘物或者埋藏物非法占为己有，数额较大，拒不交还的行为。构成此罪须具备以下要件：①客观上表现为利用职务上的便利，将数额较大的防汛物资，防洪排涝、农田水利、水文监测和测量以及其他水工程设备和器材占为己有；②本罪主体是与生产、运输、屯放、储备防汛物资，防洪排涝、农田水利、水文监测和测量以及其他水工程设备和器材有关的公司、企业或者其他单位的人员；③本罪的主观方面只能是故意，即明知自己的行为会发生侵占防汛物资，防洪排涝、农田水利、水文监测和测量以及其他水工程设备和器材的结果，并且希望这种结果的发生，还具有非法占有的目的。

盗窃罪是指以非法占有为目的，窃取他人占有的数额较大的财物，或者多次盗窃的行为。构成此罪须具备以下要件：①客观上表现为窃取防汛物资，防洪排涝、农田水利、水文监测和测量以及其他水工程设备和器材数额较大，或者多次窃取防汛物资，防洪排涝、

农田水利、水文监测和测量以及其他水工程设备和器材的；②本罪主体为普通主体，即凡年满 16 周岁，具有刑事责任能力的自然人；③本罪的主观方面只能是故意，即具有非法占有防汛物资，防洪排涝、农田水利、水文监测和测量以及其他水工程设备和器材的目的。

抢夺罪是指以非法占有为目的，乘人不备，公开夺取数额较大的公司财务。构成此罪须具备以下要件：①客观上表现为乘人不备，公然夺取数额较大的防汛物资，防洪排涝、农田水利、水文监测和测量以及其他水工程设备和器材；②本罪主体为普通主体，即凡年满 16 周岁，具有刑事责任能力的自然人；③本罪的主观方面只能是故意，即具有非法占有防汛物资，防洪排涝、农田水利、水文监测和测量以及其他水工程设备和器材的目的。

3. 挪用特定款物罪

《水法》第七十二条规定，挪用国家救灾、抢险、防汛、移民安置和补偿及其他水利建设款物，构成犯罪的，依照刑法的有关规定追究刑事责任。

挪用特定款物罪是指违反特定款物专用的财经管理制度，挪用国家用于救灾、抢险、防汛、优抚、扶贫、移民、救济款物，情节严重，致使国家和人民群众利益遭受重大损害的行为。构成此罪须具备以下要件：①客观上表现为违反国家财经管理制度，将救灾、抢险、防汛、移民安置和补偿及其他水利建设款物挪作其他用途，这里的挪用指改变专用款物的用途，不包括挪作个人使用的行为；②挪用情节严重，给国家和人民群众利益造成重大损失；③本罪主观上只能是故意，即明知是特定专用款物，而故意挪作他用。

4. 妨害公务罪、煽动群众暴力抗拒国家法律实施罪、聚众冲击国家机关罪、非法拘禁罪

《水法》第七十四条规定，在水事纠纷发生及其处理过程中煽动闹事、结伙斗殴、抢夺或者损坏公私财物、非法限制他人人身自由，构成犯罪的，依照刑法的有关规定追究刑事责任。这里可能涉及阻碍国家机关工作人员依法执行职务罪、煽动群众暴力抗拒国家法律实施罪、群众冲击国家机关罪。

妨害公务罪是指以暴力、威胁方法阻碍国家机关工作人员、人大代表依法执行职务，或者在自然灾害中和突发事件中，使用暴力、威胁方法阻碍红十字会工作人员依法履行职责，或故意阻碍国家安全机关、公安机关依法执行国家安全工作任务，虽未使用暴力，但造成严重后果的行为。构成此罪须具备以下要件：①本罪客观上表现为阻碍国家有关部门对水事纠纷进行处理的公务活动，行为所针对的对象为依法对水事纠纷进行处理的国家有关部门的工作人员，行为的内容是阻碍上述人员依法执行职务和履行职责，行为人必须在上述人员执行职务或履行职责时实施阻碍行为，且采用暴力、威胁的方法；②本罪主体为普通主体，即凡年满 16 周岁，具有刑事责任能力的自然人；③本罪主观上只能是故意，阻碍的动机不影响本罪的成立。

煽动群众暴力抗拒国家法律实施罪是指故意煽惑、挑动群众抗拒国家法律、行政法规实施的行为。构成此罪须具备以下要件：①本罪客观上表现为以文字、图画、演说等方式煽动群众以暴力抗拒国家法律、行政法规的实施；②本罪主体为普通主体，即凡年满 16 周岁，具有刑事责任能力的自然人；③本罪主观上只能是故意。

聚众冲击国家机关罪是指组织、策划、指挥或者积极参加聚众强行侵入国家机关的活

动，致使国家机关工作无法进行，造成严重损失的行为。水事活动中，构成此罪须具备以下要件：①本罪客观上表现为纠集多人强行进入、围攻处理水事纠纷的国家机关，致使水事纠纷的处理工作无法进行，造成严重损失的行为；②本罪主体为普通主体，即凡满16周岁，具有刑事责任能力的自然人；③本罪主观上只能是故意。

非法拘禁罪是指以拘押、禁闭或者其他强制方法，非法剥夺他人人身自由的行为。构成此罪须具备以下要件：①本罪客观上表现为非法剥夺他人身体自由的行为。作为本罪对象的“他人”没有限制，既可以是守法公民，也可以是犯有错误或有其他违法行为的人，还可以是犯罪嫌疑人；行为的特征是非法拘禁他人或者以其他方法剥夺他人的身体自由；非法剥夺人身自由是一种持续行为，时间很短、瞬间性的剥夺人身自由的行为不构成本罪；剥夺人身自由的行为必须具有非法性；②主观上只能是故意；③国家机关工作人员利用职权犯此罪的从重处罚。

此外，抢夺公私财物还可能构成抢夺罪。

5. 故意毁坏公私财物罪

《水法》第七十四条规定，在水事纠纷发生及其处理过程中损坏公私财物构成犯罪的，依照刑法的有关规定追究刑事责任。损坏公私财物可能涉及故意毁坏公私财物罪。

故意毁坏公私财物罪是指故意毁灭或者损坏公私财物，数额较大或者有其他严重情节的行为。构成此罪须具备以下要件：①本罪客观上表现为毁坏公私财物，对象为公私财物，既可以是动产，也可以是不动产，行为表现为毁坏，不限于从物力上改变或消灭财物的形体，而是包括使财物丧失或减少其原本效用的一切行为；②毁坏财物数额较大或者有其他严重情节；③本罪主观上只能是故意。

（三）水行政机关工作人员水事刑事犯罪类型

1. 受贿罪

《水法》第六十四条规定，水行政主管部门或者其他有关部门及水工程管理单位及其工作人员，利用职务上的便利收受他人财物、其他好处，对不符合法定条件的单位或个人核发许可证、签署审查同意意见，不按照水量分配方案分配水量，不按照国家有关规定收取水资源费，不履行监督职责，或者发现违法行为不查处，造成严重后果，构成犯罪的，对负有责任的主管人员和其他直接责任人员按照刑法有关规定追究刑事责任。

《水法》第七十三条规定，贪污国家救灾、抢险、防汛、移民安置和补偿及其他水利建设款物，构成犯罪的依照刑法有关规定追究刑事责任。上述两类行为可能涉及受贿罪。受贿罪是指国家工作人员利用职务上的便利，索取他人财物的，或者非法收受他人财物，为他人牟取利益的犯罪行为。国家工作人员在经济往来中，违反国家规定，收受各种名义的回扣、手续费，归个人所有的，以受贿论处。

构成受贿罪须具备以下要件：

（1）侵害的客体是国家工作人员职务行为的廉洁性，具体表现为职务行为的不可收买性或者职务行为与物质的不可交换性。

（2）本罪的客观方面表现为利用职务上的便利，索取他人财物或者非法收受他人财物，为他人牟取利益的行为。索取贿赂只需要利用职务上的便利便成立受贿罪，不要求实际具有为他人牟取利益的行为，而收受贿赂则需在实际上具有为他人牟取利益的行为，但

牟取的利益是否实现并不影响本罪的成立。

（3）本罪的主体必须是国家工作人员，具体到本条而言，是水行政主管部门或者其他有关部门以及水工程管理单位及其工作人员。

2. 滥用职权罪、玩忽职守罪

《水法》第六十四条规定，水行政主管部门或者其他有关部门以及水工程管理单位及其工作人员，玩忽职守，对不符合法定条件的单位或者个人核发许可证、签署审查同意意见，不按照水量分配方案分配水量，不按照国家有关规定收取水资源费，不履行监督职责，或者发现违法行为不予查处，造成严重后果，构成犯罪的，对负有责任的主管人员和其他直接责任人员依照刑法的有关规定追究刑事责任。这可能涉及滥用职权罪和玩忽职守罪。

滥用职权罪是指国家机关工作人员违反法律规定的权限和程序，滥用职权，致使公共财产、国家和人民利益遭受重大损失的行为。构成滥用职权罪须具备以下要件：①本罪的客观方面表现为滥用职权，致使公私财产、国家和人民利益遭受重大损失的行为；②滥用职权行为只有当公私财产、国家和人民利益遭受重大损失时，才构成犯罪。

玩忽职守罪，是指国家机关工作人员玩忽职守，致使公共财产、国家和人民利益遭受重大损失的行为。构成玩忽职守罪须具备以下要件：①本罪客观方面表现为玩忽职守，致使公私财产、国家和人民利益遭受重大损失的行为；②本罪主体是国家机关工作人员；③本罪主观方面出于过失，在相对多的情况下，行为人主观上表现为应当监督却没有实施监督行为，导致了公私财产、国家和人民利益遭受重大损失结果的发生。

3. 挪用公款罪

《水法》第七十三条规定，挪用国家救灾、抢险、防汛、移民安置和补偿及其水利建设款物，构成犯罪的，依照刑法的有关规定追究刑事责任。这可能涉及挪用公款罪。

挪用公款罪，是指国家工作人员，利用职务上的便利，挪用公款归个人使用，进行非法活动的，或者挪用公款数额较大、进行营利活动的，或者挪用数额较大、超过3个月未还的行为。

构成此罪须具备以下要件：①本罪的客观方面表现为：行为人须利用职务上的便利，挪用救灾、抢险、防汛、移民安置和补偿及其他水利建设款物归个人使用，且符合进行非法活动，或者挪用公款数额较大、进行营利活动，或者挪用公款数额较大、超过3个月未还三种情形之一；②本罪的主体必须是国家工作人员，具体到本条而言，犯罪主体是依照法律从事救灾、抢险、防汛、移民安置和补偿及其他水利建设款物的管理的直接责任人员；③本罪主观方面只能是故意，即明知是公款而挪用，但不具有将公款占为己有或其他第三人所有的目的。

（四）水事刑事责任的类型

根据刑法的规定，刑罚分为主刑和附加刑两大类。主刑，是对犯罪分子适用的主要刑罚，它只能独立适用，不能相互附加适用。主刑分为以下五种：管制、拘役、有期徒刑、无期徒刑和死刑。附加刑即从刑，是相对于主刑而言的刑种，既可以附加适用也可以单独适用，还可以同时适用。附加刑以人身权之外的其他权利为惩罚对象，主要是财产和某些资格，主要包括罚金、剥夺政治权利、没收财产。

参 考 文 献

[1] 杨绍平，何云．水法学案例教程［M］．北京：中国水利水电出版社，2013.
[2] 行政执法研究会．水事纠纷案例评析全集［M］．北京：远方出版社，2006.
[3] 杨谦．水法规与行政执法［M］．北京：中央广播电视大学出版社，2007.
[4] 浙江省水利厅．水行政执法培训教材［M］．北京：中国水利水电出版社，2014.